高等学校电子信息类专业系列规划教材

基于51单片机的仿真及应用

主　编　陆　霞　李海燕　慈文彦
副主编　卫　星　周爱军

西安电子科技大学出版社

内 容 简 介

本书共10章，主要内容包括：单片机基础知识概述、MCS－51单片机的结构及原理、MCS－51程序设计基础、Proteus和Keil C软件简介、I/O端口编程及应用、MCS－51单片机的中断系统、单片机的定时/计数器、单片机的串行口应用、单片机的A/D和D/A应用及单片机应用实例。本书部分章节借鉴了国内比较流行的教学资料，大部分实例都进行了实验验证，方便读者理解和深入学习。

本书既可作为工科院校相关专业的本科生教材，也可作为从事嵌入式产品研发技术人员的参考资料。

图书在版编目(CIP)数据

基于51单片机的仿真及应用/陆霞，李海燕，慈文彦主编. —西安：西安电子科技大学出版社，2020.6
ISBN 978－7－5606－5695－3

Ⅰ. ①基… Ⅱ. ①陆… ②李… ③慈… Ⅲ. ①单片微型计算机—高等学校—教材 Ⅳ. ①TP368.1

中国版本图书馆CIP数据核字(2020)第080989号

策划编辑 秦志峰
责任编辑 聂玉霞 秦志峰
出版发行 西安电子科技大学出版社(西安市太白南路2号)
电　　话 (029)88242885 88201467　　邮　　编 710071
网　　址 www.xduph.com　　电子邮箱 xdupfxb001@163.com
经　　销 新华书店
印刷单位 陕西天意印务有限责任公司
版　　次 2020年6月第1版 2020年6月第1次印刷
开　　本 787毫米×1092毫米 1/16 印张 14
字　　数 329千字
印　　数 1～2000册
定　　价 36.00元
ISBN 978－7－5606－5695－3/TP
XDUP 5997001－1

前　言

MCS－51系列单片机通用性强、价格低廉，受到了广大产品开发和设计人员的欢迎，广泛应用于工业、农业、商业、家庭、航空和军事领域。MCS－51系列单片机不仅在当前，而且在未来很长一段时间内仍然是单片机市场的主流产品。

单片机是一门软件和硬件结合的技术，开发人员只有懂得单片机的硬件结构，同时掌握软件编程方法，才能熟练操作单片机。借助Proteus仿真软件和Keil编程软件，初学者能自己设计硬件电路，并将自己设计的程序载入仿真系统运行。

本书通过一系列由浅入深的实验案例，采用“理论＋实践”的教学模式，使学习者能够循序渐进地熟悉单片机的使用方法，快速、轻松掌握MCS－51单片机的整个开发过程。

本书由南京师范大学泰州学院陆霞、李海燕、慈文彦、卫星、周爱军共同编写。其中，第1、3、4、5、6章由陆霞编写，第7、8、9章由李海燕编写，第10章由慈文彦编写，第2章由周爱军编写，卫星完成了部分文字的校对工作。全书由陆霞统稿并定稿。

由于时间仓促，编者水平有限，书中难免存在疏漏和不妥之处，敬请各位读者与专家批评指正。

编　者

2020年2月

目　　录

第 1 章　单片机基础知识概述

1.1　单片机概述

1.1.1　单片机及其发展概况

1. 单片机的概念

单片又称单片微控制器，就是在一片半导体硅片上集成的微型计算机，又称为单片微型计算机(Single Chip Microcomputer，SCM)。

由于单片机面对的是测控对象，突出的是控制功能，所以从功能和形态上来说，它都是应控制领域应用的要求而诞生的。随着单片机技术的发展，它在芯片内集成了许多面对测控对象的接口电路，这些电路已经突破了微型计算机(Microcomputer)传统的体系结构，所以更为确切反映单片机本质的名称应是微控制器。

单片机是以单芯片形态作为嵌入式应用的计算机，加上它的芯片级体积的优点和在现场环境下高速、可靠运行的特点，因此单片机又称为嵌入式微控制器(Embedded Micro Controller)。但是，单片机的叫法在国内仍然有着普遍的意义。目前按单片机内部数据通道的宽度，可分为 4 位、8 位、16 位及 32 位单片机。

2. 单片机的发展

1976 年，Intel 公司推出了 MCS－48 系列单片机，它以体积小、功能全、价格低等特点获得了广泛的应用，成为单片机发展进程中的一个重要阶段，谓之第一代单片机。

在 MCS－48 系列单片机的基础上，Intel 公司在 20 世纪 80 年代初推出了第二代单片机的代表 MCS－51 系列单片机。这一代单片机的主要技术特征是为单片机配置了完美的外部并行总线和串行通信接口，规范了特殊功能寄存器的控制模式，为增强控制功能强化了布尔处理系统和相关的指令系统，这些都给发展具有良好兼容性的新一代单片机奠定了较好的基础。

近几年出现了具有许多新特点的单片机，可称为第三代单片机，代表产品有 80C51 系列单片机，同时 16 位单片机也有很大发展。

尽管目前单片机品种繁多，但其中最为典型的仍当属 Intel 公司的 MCS－51 系列单片机。它的特点是功能强大、兼容性强、软硬件资源丰富。国内也以此系列的单片机应用最为广泛。直到现在，MCS－51 仍为单片机中的主流机型。在今后相当长的时间内，单片机应用领域中的 8 位机主流地位仍不会改变。

3. 单片机的分类

目前市面上单片机种类繁多，分类方式也很多，可以按字长、制造工艺、用途等进行分类。

1）按 CPU 字长分类

按 CPU 字长不同，单片机可以分为4位、8位、16位、32位等单片机。

4位单片机一次只能处理4位二进制数，控制能力较弱，目前应用较少，如日本电器(NS)公司的 COP400 系列、夏普公司的 SM××系列等。

和4位单片机相比，8位单片机控制能力强，并且具有更大的存储容量和寻址范围，增加了中断源、并行 I/O 接口、定时/计数器的数量，如 Intel 公司的 MCS－51 系列、Atmel公司的 AT89 系列等。

16位单片机的发展历史最短，但是运算速度普遍高于8位单片机，寻址能力更强，片内含有 A/D 和 D/A 转换电路，支持高级语言编程，如 Intel 公司的 MCS－96/98 系列、Motorola 公司的 M68HC16 系列等。

2）按制造工艺分类

按照制造工艺不同，单片机可以分为 HMOS 工艺单片机和 CHMOS 工艺单片机。

HMOS 工艺是高密度短沟道 MOS 工艺，用这种工艺生产出来的单片机具有速度快、密度大的特点。

CHMOS 工艺是互补的金属氧化物的 HMOS 工艺，是 CMOS 和 HMOS 的结合，具有密度大、速度快、功耗低等特点。Intel 公司产品型号中带有字母"C"、Motorola 公司产品型号中带有字母"HC"或"L"，通常均为 CHMOS 工艺。

3）按用途分类

按照使用途径不同，单片机可以分为通用型单片机和专用型单片机。

通用型单片机内部资源丰富、性能全面、通用性强，可以满足多种应用需求，如家用电器、仪表仪器、机器设备，都可以使用通用型单片机实现自动控制。

专用型单片机是针对某一产品或某一控制应用而专门设计的，设计时结构简化、软硬件最优、可靠性最高、应用成本最佳。专用型单片机用途单一，出厂时其功能已经固化好，如电子表里的单片机。

除了上述三种分类外，还可按总线结构、应用领域等其他标准对单片机进行分类。

1.1.2　单片机的特点和应用

一块单片机芯片就是一台具有一定规模的微型计算机，再加上必要的外围器件，就可以构成一个完整的计算机硬件系统。单片机的应用使得系统控制技术发生了巨大的变化，是对传统控制技术的一场革命。

1. 单片机的特点

单片机是集成电路技术与微型计算机技术高速发展的产物，单片机独特的结构决定了它具有如下特点：

(1) 高集成度、高可靠性。单片机将各功能部件集成在一块晶体芯片上，集成度很高，体积自然也是很小的。芯片本身是按工业测控环境要求设计的，内部布线很短，其抗工业噪声性能优于一般通用的 CPU。单片机程序指令、常数及表格等固化在 ROM 中不易被破坏，许多信号通道均在一个芯片内，故可靠性高。

(2) 控制功能强。为了满足对对象的控制要求，单片机的指令系统具有极丰富的条件分支转移能力、I/O口的逻辑操作及位处理能力，非常适用于做专门的控制器。

(3) 低电压、低功耗。为了满足广泛使用于便携式系统的需求，许多单片机内的工作电压仅为1.8 V～3.6 V，而工作电流仅为数百微安。

(4) 优异的性能价格比。单片机的性能极高。为了提高速度和运行效率，单片机已开始使用RISC流水线和DSP等技术。单片机的寻址能力已突破64 KB的限制，有的已可达1 MB和16 MB，片内的ROM容量可达62 MB，RAM容量则可达2 MB。由于单片机使用广泛，因而其销量极大，各大公司的商业竞争更使其价格十分低廉，其性能价格比极高。

2. 单片机的应用领域

单片机技术的飞速发展使得其应用范围日益广泛，已远远超出了计算机科学的领域。小到玩具、信用卡，大到航天器、机器人，从实现数据采集、过程控制、模糊控制等智能系统到人类的日常生活，到处都离不开单片机。其主要的应用领域如下：

(1) 在测控系统中的应用。单片机可以用于构成各种工业控制系统、自适应控制系统、数据采集系统等。例如，工业上的锅炉控制、电机控制、车辆检测系统、水闸自动控制、数控机床及军事上的雷达、导弹系统等。

(2) 在智能化仪器仪表中的应用。单片机应用于仪器仪表设备中促使仪器仪表向数字化、智能化、多功能化和综合化等方向发展。单片机的软件编程技术使长期以来测量仪表中的误差修正、线性化的处理等难题迎刃而解。

(3) 在机电一体化中的应用。单片机与传统的机械产品结合使传统的机械产品结构简化，控制走向智能化，构成新一代的机电一体化产品，这是机械工业发展的方向。

(4) 在智能接口中的应用。在计算机系统，特别是较大型的工业测控系统中，采用单片机进行接口的控制管理，单片机与主机并行工作，可大大提高系统的运行速度。例如，在大型数据采集系统中，用单片机对模/数(A/D)转换接口进行控制不仅可以提高采集速度，还可以对数据进行预处理，如数字滤波、误差修正、线性化处理等。

(5) 在人类生活中的应用。单片机由于其价格低廉、体积小巧，被广泛应用在人类生活的诸多场合，如洗衣机、电冰箱、空调器、电饭煲、视听音响设备、大屏幕显示系统、电子玩具、信用卡、楼宇防盗系统等。单片机的运用使人类的生活变得更加方便舒适、丰富多彩。

1.1.3　单片机的发展趋势

自单片机问世以来，经过40多年的发展，已从最初的4位机发展到32位机，同时体积更小、集成度更高、功能更强大。如今，单片机正朝着多功能、多选择、高速度、低功耗、低价格以及大存储容量、强I/O功能及结构兼容等方向发展。

综观单片机40多年的发展过程，再结合半导体集成电路技术的发展和微电子设计技术的发展，我们可以预见未来单片机技术发展的趋势。单片机将朝着大容量高性能化、小容量低价格化、外围电路的内装化以及I/O接口功能的增强、功耗降低等方向发展。

(1) 单片机的大容量化。单片机内存储器容量进一步扩大。以往片内ROM为1 KB～8 KB，RAM为64 B～256 B。现在片内ROM可达40 KB，RAM可达4 KB，I/O也不需再外加扩展芯片。OTPROM、FlashROM成为主流供应产品。而随着单片机程序空间的扩大，在空余空间里可嵌入实时操作系统RTOS等软件，这将大大提高产品的开发效率和单片机的性能。

(2) 单片机的高性能化。今后将不断改善单片机内CPU的性能，加快指令运算速度，提高系统控制的可靠性，加强位处理功能、中断与定时控制功能。同时采用流水线结构，指令以队列形式出现在CPU中，因而具有很高的运算速度。有的甚至采用多流水线结构，其运算速度比标准的单片机高出10倍以上。

单片机的扩展方式从并行总线发展出各种串行总线，并被工业界接受，形成一些工业标准，如I^2C总线、DDB总线、USB接口等。它们采用3条数据总线代替现行的8位数据总线，从而减少了单片机引线，降低了成本。

(3) 单片机的小容量低价格化。小容量低价格的4位、8位机也是单片机发展方向之一。其用途是把以往用数字逻辑电路组成的控制电路单片化。专用型的单片机将得到大力发展。使用专用型单片机可最大限度地简化系统结构，提高可靠性和资源利用率，在大批量使用时有可观的经济效益。

(4) 单片机的外围电路内装化。随着单片机集成度的提高，可以把众多的外围功能器件集成到单片机内。除了CPU、ROM、RAM外，还可把A/D转换器、D/A转换器、DMA控制器、声音发生器、监视定时器、液晶驱动电路、锁相电路等一并集成在芯片内。为了减少外部的驱动芯片，进一步增强单片机的并行驱动能力，有的单片机可直接输出大电流和高电压，以便直接驱动显示器。为进一步加快I/O口的传输速度，有的单片机还设置了高速I/O口，能以最快的速度触动外部设备，也能以最快的速度响应外部事件。

(5) 单片机将实现全面的低功耗管理。单片机的全盘CMOS化，非CMOS工艺单片机的淘汰，将给单片机技术发展带来广阔的空间，最显著的变革是给低功耗管理技术带来了飞速发展。低功耗的技术措施可提高可靠性，降低工作电压，可使抗噪声和抗干扰等各方面性能得到全面提高，这是一切电子系统所追求的目标。

1.2 单片机学习的预备知识

与通用数字计算机一样，单片机采用了二进制数工作原理，所以读者也需具备必要的数制转换基础知识。为此，本节仅从单片机学习需要的角度出发，对二进制进行简单介绍，以便为未具备这一条件的读者补充知识。

1.2.1 数制及其转换

1. 数制概述

计算机中常用的表达整数的数制有以下几种：

(1) 十进制数。十进制数有0，1，2，…，9等10个数码元素，任何一个十进制数都由这10个元素组成。例如，$(475.8)_{10}$或$(475.8)_D$这个十进制数可以写成

$$(475.8)_{10}=4\times10^2+7\times10^1+5\times10^0+8\times10^{-1}$$

它表明：十进制数(基数$r=10$)高低位之间的关系为逢十进一。高位至低位的权值依次为10^{n-1}，10^{n-2}，…，10^2，10^0，10^{-1}，10^{-2}，…，10^{-m}。因此可得下面的通式：

$$(N)_r=\sum_{i=-m}^{n-1}K_i\cdot(r)^i$$

式中：n 是该数整数部分的位数；m 是小数部分的位数；K_i 是 i 位的数码；r 是表示任意进制时的基数，如二进制数、八进制数和十六进制数等。

为了与其他进制的数相区别，十进制数可用下标来表示，如十进制数 475.8 又可表示为$(475.8)_{10}$或$(475.8)_D$。

(2) 二进制数。二进制数有 0、1 两个数码元素，基数 $r=2$，逢二进一，如$(110101.101)_2$或$(110101.101)_B$，写成通式展开后为

$$(110101.101)_B=1\times2^5+1\times2^4+0\times2^3+1\times2^2+0\times2^1+1\times2^0+1\times2^{-1}+0\times2^{-2}+1\times2^{-3}$$

高位至低位的权值依次为 2^{n-1}，2^{n-2}，…，2^2，2^1，2^0，2^{-1}，2^{-2}，…，2^{-m}。

(3) 八进制数。八进制数有 0，1，…，6，7 等 8 个数码元素，基数 $r=8$，逢八进一，如$(356.71)_8$或$(356.71)_O$，写成通式展开后为

$$(356.71)_O=3\times8^2+5\times8^1+6\times8^0+7\times8^{-1}+1\times8^{-2}$$

高位至低的权值依次为 8^{n-1}，8^{n-2}，…，8^2，8^1，8^0，8^{-1}，8^{-2}，…，8^{-m}。

(4) 十六进制数。十六进制数有 0，1，2，…，9，A，B，C，D，E，F 等 16 个数码元素，基数 $r=16$，逢十六进一，如$(5A8D.C6)_{16}$或$(5A8D.C6)_H$，写成通式展开后为

$$(5A8D.C6)_H=5\times16^3+A\times16^2+8\times16^1+D\times16^0+C\times16^{-1}+6\times16^{-2}$$

高位至低位的权值依次为 16^{n-1}，16^{n-2}，…，16^2，16^1，16^0，16^{-1}，16^{-2}，…，16^{-m}。

十进制、二进制、八进制和十六进制数转换关系如表 1-1 所示。

表 1-1　十进制、二进制、八进制和十六进制数转换关系

十进制	二进制	八进制	十六进制
0	0000	0	0
1	0001	1	1
2	0010	2	2
3	0011	3	3
4	0100	4	4
5	0101	5	5
6	0110	6	6
7	0111	7	7
8	1000	10	8
9	1001	11	9
10	1010	12	A
11	1011	13	B
12	1100	14	C
13	1101	15	D
14	1110	16	E
15	1111	17	F

2. 各种进制数之间的相互转换

数字电路运行在两个值的二进制数字信号下，但为书写方便，常用八进制数和十六进制数表示，而日常又习惯于十进制数，所以要进行数制间的转换。

(1) 十进制数整数部分转换为二进制、八进制和十六进制数。

方法：将待转换的十进制数整数除以进制数(二、八、十六)取余数，不断地进行，直至商为零。第一次的余数为转换后进制数的最低位(Least Siginificant Bit，LSB)，最后的余数为转换后进制数的最高位(Most Siginificant Bit，MSB)。

例如，将十进制整数 29 转换成二进制数，其结果为 11101。

```
2 | 29  …… 1  ↑ 低位
 2 | 14  …… 0
  2 | 7  …… 1
   2 | 3  …… 1
    2 | 1  …… 1   高位
        0    余数
```

(2) 十进制数小数部分转换为二进制、八进制和十六进制数。

方法：将待转换的十进制小数乘以进制数(二、八、十六)取整，不断地进行，直至积的小数为零为止。必须注意：若积的小数达不到零，则根据转换的精度来取位数。另外，第一次的整数为转换后进制数的最高位(MSB)。

例如，将十进制小数 0.6875 转换成二进制小数，其结果为 0.1011。

```
          0.6875
            ×2
高位 |  1   3750
            ×2
     |  0   7500
            ×2
     |  1   5000
            ×2
低位 ↓  1   0000
```

(3) 二进制数、八进制数、十六进制数之间的相互转换。

方法：以二进制数为桥梁进行即可。

例如，将八进制数 2467.32 转换成二进制数，其结果为 10100110111.01101。将二进制数 1101001110.110011 转换成十六进制数，其结果为 34E.CC。

1.2.2 二进制数的逻辑运算

二进制的一位也称为一比特，只有“0”和“1”两种取值。在单片机中，这两个值通常没有数值上的概念，而是表示两种不同的状态，一般代表电位的高和低。

为了对二进制信息进行处理和表示，通常需要使用逻辑代数这个工具。逻辑代数中最基本的逻辑运算有三种：逻辑加(也称为“或”运算，用符号“OR”“+”或“∨”表示)、逻辑乘(也称为“与”运算，用符号“AND”“.”或“∧”表示)以及取反(也称为“非”运算，用符号

"NOT"或"—"表示)。它们的运算规则如表1-2所示。

表1-2　二进制数逻辑运算规则

(a) 逻辑加

A	B	A∨B
0	0	0
0	1	1
1	0	1
1	1	1

(b) 逻辑乘

A	B	A∧B
0	0	0
0	1	0
1	0	0
1	1	1

(c) 取反

A	$\overline{A}$
0	1
1	0

两个多位二进制数进行逻辑运算时，它们按位独立进行，即每一位不受其他位影响。例如，两个4位二进制数0110和1010进行逻辑加运算和逻辑乘运算的结果分别为

$$\begin{array}{lr} A: & 0110 \\ B: & \vee\ \ 1010 \\ \hline F: & 1110 \end{array} \qquad \begin{array}{lr} A: & 0110 \\ B: & \wedge\ \ 1010 \\ \hline F: & 0010 \end{array}$$

1.2.3　带符号整数的表示

因为数字电路只能识别二进制数，所以正负数肯定也要用二进制数表示，其方法是在一个数的最高位前设置一位符号位。符号位为"0"时，表示该数为正数；符号位为"1"时，表示该数为负数。这样规定后，数的表示形式有以下3种。

1. 正负数的"原码"表示

原码表示规定：符号位加上原数的数值，即

$$[X]_{原}=符号位+原数值$$

例如：

$$X1=+1001010 \rightarrow [X1]_{原}=01001010$$
$$X2=-1001010 \rightarrow [X2]_{原}=11001010$$

这种原码表示方法适用于两数相乘，因为乘积的符号位只要将两乘数符号位相异或即可。

2. 正负数的"反码"表示

反码表示有两种情况：如果原数值为正数，则该数的反码为符号位加上原数值；如果原数值为负数，则该数的反码为符号位加上原数值的反码。也即：

$$[X]_{反}=符号位+原数值，X为正数$$
$$[X]_{反}=符号位+原数值反码，X为负数$$

例如：

$$X1=+1001010 \rightarrow [X1]_{反}=01001010$$
$$X2=-1001010 \rightarrow [X2]_{反}=10110101$$

3. 正负数的"补码"表示

可以从生活中来认识补码(补数)：如早晨7:00起床时，发现时钟停在10:00，要校准

到7:00，有两种方法，一种是顺时针拨9小时，另一种是反时针拨3小时，都可以将时钟校准到7:00。由于时钟走一圈是12小时，12将自动丢失，所以，对走一圈12小时这个最大数而言，顺拨时的10+9=12+7和反拨时的10-3=7是等价的。因此，+9和-3就称为最大数12的补数(或补码)，最大数(12)又称模。从上述可见，用补码表示可以把一个减法运算变换成加法运算。

一个n位的二进制补码用下式求得：

$$[X]_{补} = 模 - [X] = 2^n - [X]$$

例如，二进制数1010的补码是：

$$2^4 - 1101 = 10000 - 1010 = 0110$$

但实际操作时，有两种直接求法：一种是将原二进制数的反码加1求得补码；另一种是从原二进制数的最低位开始，在遇到1(包括该1)之前，原数不变，其后数码按位求反，也可得到一个二进制数的补码。所以正负数的补码表示为：$[X]_{补}$=符号位+原数值，X为正数；$[X]_{补}$=符号位+原数值补码，X为负数。例如，

$$X1 = +1001010 \rightarrow [X1]_{补} = 01001010$$

$$X2 = -1001010 \rightarrow [X2]_{补} = 10110110$$

补码的运算规则：

$$补码 + 补码 = 补码$$

再利用补码到原码转换规则求解实际数值大小。因此，减法运算X1-X2可用$[+X1]_{补}+[-X2]_{补}$的加法运算处理。

例1：

$$1100 - 1001 = 01100 + 10111 = 100011$$

最高位丢失，留下符号位“0”，所以结果是+3。

例2：

$$1001 - 1100 = 01001 + 10100 = 11101$$

其中，11101是补码，将补码减1，符号位不变，数值再求反码后得到原码，所以结果是-0011，即-3。

1.2.4　西文字符编码

组成文本的基本元素是字符，字符与数值一样，在计算机中也采用二进位编码表示。目前，计算机中使用最广泛的西文字符编码是美国标准信息交换码(ASCII码)。

西文ASCII码字符集由拉丁字母、数字、标点符号及一些特殊符号组成。基本的ASCII码字符集共有128个字符，包括96个可打印字符(常用的字母、数字、标点符号等)和32个控制字符，每个字符使用7个二进制位进行编码。

虽然标准ASCII码是7位编码，但是计算机中最基本的存储和处理单位是字节，故一般使用一个字节来存放一个ASCII码，每个字节中多出来的一位(最高位)在计算机内部通常保持为“0”，并可在数据传输时用作奇偶校验位。

ASCII码表中字符编码值如表1-3所示。

表 1-3　ASCII 码表中字符编码值

ASCII 值	字符	ASCII 值	字符	ASCII 值	字符	ASCII 值	字符
0	NUT	32	(space)	64	@	96	、
1	SOH	33	!	65	A	97	a
2	STX	34	″	66	B	98	b
3	ETX	35	#	67	C	99	c
4	EOT	36	$	68	D	100	d
5	ENQ	37	%	69	E	101	e
6	ACK	38	&	70	F	102	f
7	BEL	39	′	71	G	103	g
8	BS	40	(	72	H	104	h
9	HT	41	)	73	I	105	i
10	LF	42	*	74	J	106	j
11	VT	43	+	75	K	107	k
12	FF	44	，	76	L	108	l
13	CR	45	—	77	M	109	m
14	SO	46	.	78	N	110	n
15	SI	47	/	79	O	111	o
16	DLE	48	0	80	P	112	p
17	DCI	49	1	81	Q	113	q
18	DC2	50	2	82	R	114	r
19	DC3	51	3	83	S	115	s
20	DC4	52	4	84	T	116	t
21	NAK	53	5	85	U	117	u
22	SYN	54	6	86	V	118	v
23	TB	55	7	87	W	119	w
24	CAN	56	8	88	X	120	x
25	EM	57	9	89	Y	121	y
26	SUB	58	：	90	Z	122	z
27	ESC	59	；	91	[	123	{
28	FS	60	<	92	\	124	|
29	GS	61	=	93	]	125	}
30	RS	62	>	94	ˆ	126	～
31	US	63	?	95	_	127	DEL

本章小结

1. 单片机是将通用微计算机基本功能部件集成在一块芯片上构成的一种专用微计算机系统。

2. 单片机的发展趋势是高集成度、高性能、高性价比、低功耗，C51内核单片机仍然是目前主流机型。

3. 不同数制之间的转换是学习单片机的重要基础知识。

习　题

1. 微计算机技术有哪两大分支？它们各自侧重在哪些领域发展？

2. 单片机的定义是什么？它有哪些主要特征？

3. 为什么说单片机是典型的嵌入式系统？在我们身边有哪些设施应用了嵌入式控制技术？分析单片机在其中的作用。

4. 简述单片机的发展历史和主要技术发展方向。

5. 写出下列十进制数在8位单片机中的原码、反码和补码形式。

(1) +24　(2) −24　(3) 0　(4) −128　(5) −121

6. 对下列各组数进行“与”和“或”运算。

(1) 1010 1100 和 0000 0001　(2) 0111 1110 和 1000 1000

(3) 1110 1110 和 1010 0111　(4) 0011 1100 和 1111 0000

第 2 章　MCS－51 单片机的结构及原理

2.1　MCS－51 单片机内部结构

MCS－51 系列单片机产品有 8051、8031、8751、80C51、80C31 等型号(前三种为 CMOS 芯片，后两种为 CHMOS 芯片)。它们的结构基本相同，其主要差别反映在存储器的配置上。本章将介绍 8051 单片机的结构及原理。

2.1.1　MCS－51 单片机组成

MCS－51 单片机在一块芯片中集成了 CPU、RAM、ROM、定时/计数器和多种功能的 I/O 口等计算机所需要的基本功能部件。这些功能部件通常都挂靠在单片机内部总线上，通过内部总线传送数据信息和控制信息，其内部结构如图 2－1 所示。

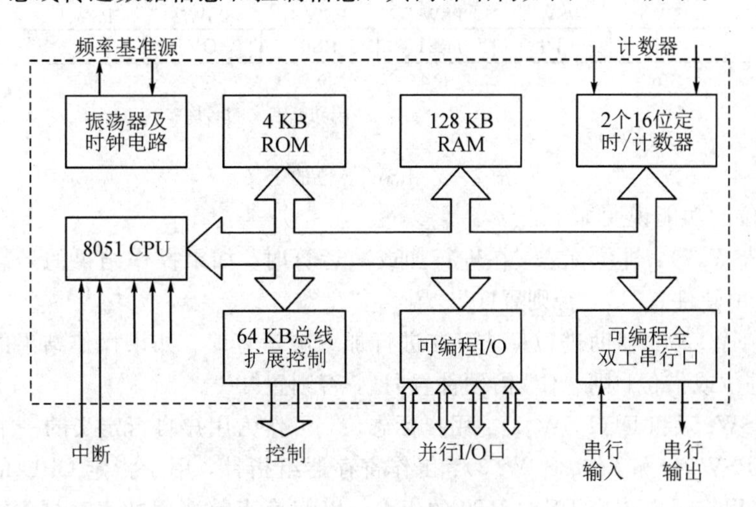

图 2－1　MCS－51 单片机内部基本结构

8051 单片机的内部资源主要包括：

(1) 一个 8 位 CPU；

(2) 一个片内振荡器及时钟电路；

(3) 4 KB ROM 程序存储器；

(4) 128 KB RAM 数据存储器；

(5) 两个 16 位定时/计数器；

(6) 可寻址 64 KB 外部数据存储器和 64 KB 外部程序存储器空间的控制电路；

(7) 32 条可编程的 I/O 线(4 个 8 位并行 I/O 端口)；

(8) 一个可编程全双工串行口；

(9) 5个中断源、两个优先级嵌套中断结构。

单片机内部资源中最核心的部分是CPU，它是单片机的大脑和心脏。CPU的主要功能是产生各种控制信号，控制存储器、输入/输出端口的数据传送、数据运算、逻辑运算等。

1. 运算器

运算器用于对操作数进行算术、逻辑和位操作运算，由累加器ACC、算术逻辑部件ALU、程序状态字寄存器PSW组成。

(1) 累加器ACC。ACC是一个存放操作数或中间运算结果的8位寄存器，是利用率最高的寄存器，通过暂存器与ALU相连。

(2) 算术逻辑部件ALU。ALU由加法器和其他逻辑电路组成，用于对数据进行四则运算和逻辑运算等处理。ALU有两个操作数，其中一个由ACC通过暂存器2输入，另一个由暂存器1输入，运算结果的状态传送给PSW。

(3) 程序状态字寄存器PSW。PSW是一个存放程序运行过程中的各种状态信息的8位寄存器。PSW中的各位信息通常是在指令执行过程中自动形成的，但也可以通过传送指令加以改变。PSW各位的定义如图2-2所示。

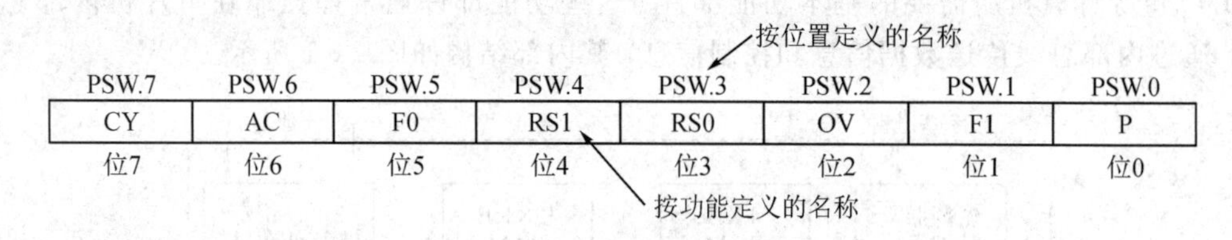

图2-2　PSW各位的定义

PSW各位的功能说明如下：

• CY(PSW.7)：进位标志。在进行加或减运算时，如果操作结果的最高位有进位或借位，则CY由硬件置“1”，否则置“0”。

• AC(PSW.6)：辅助进位标志。在进行加或减运算时，如果操作结果的低4位数向高4位产生进位或借位，则ACC由硬件置“1”，否则置“0”。

• F0(PSW.5)和F1(PSW.1)：用户标志位，可作为用户自行定义的一个状态标志。

• RS1(PSW.4)和RS0(PSW.3)：工作寄存器组指针，用于指定CPU的当前工作寄存器组。可由用户程序改变RS1、RS0的组合，以切换当前选用的寄存器组，具体情况如表2-1所示。

表2-1　RS1、RS0与4组寄存器区的对应关系

RS1	RS0	所选的4组寄存器
0	0	0区(内部RAM地址为00H～07H)
0	1	1区(内部RAM地址为08H～0FH)
1	0	2区(内部RAM地址为10H～17H)
1	1	3区(内部RAM地址为18H～1FH)

• OV(PSW.2)：溢出标志。在有符号数加减运算或无符号数乘除运算中，若有异常结果，则 OV 由硬件置“1”，否则硬件置“0”。根据 OV 状态可以判断累加器 ACC 中的结果是否正确。

【例 2－1】 对于两个有符号数＋84 和＋105，执行加法运算后，求其溢出标志 OV。

```
      01010100   (+84)
 +    01101001   (+105)
─────────────────────
CY=010111101→(-67)
    ↑↑
D7 无进位  D6 有进位
```

由于 D6 位有进位，D7 位无进位，由 OV 为 D6 异或 D7 等于 1 可以看出计算结果是错误的。

• F1(PSW.1)：用户标志位，同 F0。

• P(PSW.0)：奇偶标志位。该位始终跟踪累加器 ACC 中含“1”个数的奇偶性，如果 A 中有奇数个“1”，则 P 置“1”，否则置“0”。

2. 控制器

控制器的作用是对取自程序存储器中的指令进行译码，在规定的时刻发出各种操作所需的控制信号，完成规定的功能。控制器由程序计数器 PC、指令寄存器、指令译码器、数据指针寄存器以及定时控制与条件转移逻辑电路等组成。

1) 程序计数器 PC

PC 是一个 16 位的独立寄存器，用来存放即将要执行的指令地址，可对 64 KB 程序存储器直接寻址。单片机复位时，PC 中内容为 0000H，从程序存储器 0000H 单元读取指令，开始执行程序。其基本工作方式如下：

(1) CPU 读取指令时，PC 的内容作为所取指令的地址，程序寄存器按此地址输出指令字节，同时程序计数器 PC 自动加 1。

(2) 执行有条件或无条件转移指令时，程序计数器将被置入新的数值，自动将其内容更改成所要转移的目的地址，从而使程序的流向发生变化。

(3) 执行子程序调用或中断调用时需要保护 PC 当前值，将子程序入口地址或中断向量地址送入 PC。

(4) PC 的计数宽度决定了程序存储器的地址范围。执行指令时，PC 内容的低 8 位经 P0 口输出，高 8 位经 P2 口输出。

2) 指令寄存器

指令寄存器中存放指令代码。CPU 执行指令时，将从程序存储器中读取的指令代码送入指令寄存器，经译码后由定时与控制电路发出相应的控制信号，从而完成指令功能。

3) 指令译码器

指令译码器是对指令寄存器中的指令进行译码，将指令转变为执行此指令所需要的电信号。根据译码器输出的信号，再经过定时控制电路产生执行该指令所需的各种控制信号。

2.1.2　MCS-51 外部引脚及其功能

MCS-51 单片机采用 40 引脚的双列直插封装方式。图 2-3 所示为 8051 引脚排列图。

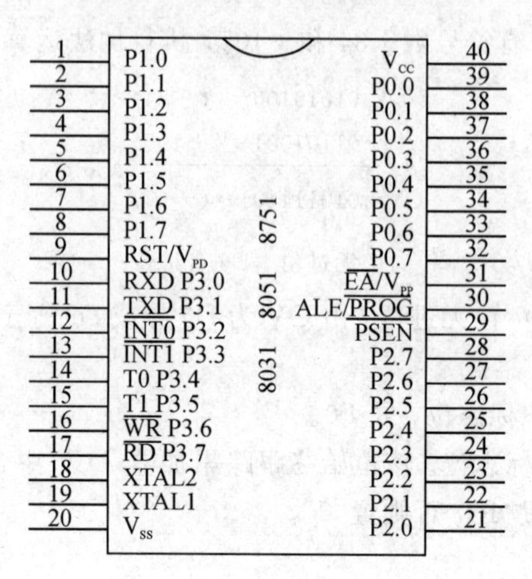

图 2-3　8051 引脚排列图

1. 电源引脚

(1) V_{SS}：接地。

(2) V_{CC}：电源电压输入端，接+5 V 电压。

2. 外接晶振引脚

(1) XTAL1：内部振荡电路反相放大器的输入端，也是外接晶体的一个引脚。当采用外部振荡器时，此引脚接地。

(2) XTAL2：内部振荡电路反相放大器的输出端，也是外接晶体的一个引脚。当采用外部振荡器时，此引脚接外部振荡源。

3. 控制引脚

(1) RST/V_{PD}：当振荡器运行时，在此引脚上出现两个机器周期的高电平(由低到高跳变)，将使单片机复位。

在 V_{CC} 掉电期间，此引脚可接上备用电源，由 V_{PD} 向内部提供备用电源，以保证内部 RAM 中的数据不丢失。

(2) ALE/$\overline{\text{PROG}}$：正常操作时为 ALE 功能(允许地址锁存)。它负责把地址的低字节锁存到外部锁存器，ALE 引脚以不变的频率(振荡器频率的 1/6)周期性地发出正脉冲信号。因此，它可用作对外输出的时钟或用于定时。但要注意，每当访问外部数据存储器时，将跳过一个 ALE 脉冲，ALE 端可以驱动(吸收或输出电流)8 个 LSTTL 电路(即逻辑门电路)。对于 EPROM 型单片机而言，在 EPROM 编程期间，此引脚接收编程脉冲($\overline{\text{PROG}}$功能)。

(3) $\overline{\text{PSEN}}$：外部程序存储器读选通信号输出端。在从外部程序存储器中取指令(或数据)期间，$\overline{\text{PSEN}}$在每个机器周期内两次有效。$\overline{\text{PSEN}}$同样可以驱动 8 个 LSTTL 电路。

(4) $\overline{\text{EA}}$/V_{PP}：内部程序存储器或外部程序存储器选择端。当$\overline{\text{EA}}$/V_{PP}为高电平时，访问内部程序存储器，当$\overline{\text{EA}}$/V_{PP}为低电平时，则访问外部程序存储器。

对于 EPROM 型单片机而言，在 EPROM 编程期间，此引脚上加 21 V EPROM 编程电源(V_{PP})。

4. 并行 I/O 引脚

(1) P0 口(P0.0～P0.7)是一个 8 位漏极开路型双向 I/O 口，在访问外部存储器时，它是分时传送的低字节地址和数据总线，P0 口能以吸收电流的方式驱动 8 个 LSTTL 负载。

(2) P1 口(P1.0～P1.7)是一个带有内部提升电阻的 8 位准双向 I/O 口，能驱动(吸收或输出电流)4 个 LSTTL 负载。

(3) P2 口(P2.0～P2.7)是一个带有内部提升电阻的 8 位准双向 I/O 口，在访问外部存储器时，它输出高 8 位地址。P2 口可以驱动(吸收或输出电流)4 个 LSTTL 负载。

(4) P3 口(P3.0～P3.7)是一个带有内部提升电阻的 8 位准双向 I/O 口，能驱动(吸收或输出电流)4 个 LSTTL 负载。

2.2　MCS－51 的存储器结构

2.2.1　存储器划分方法

计算机的存储器地址空间有两种结构形式：普林斯顿结构和哈佛结构。图 2－4 所示为具有 64 KB 地址的两种结构。

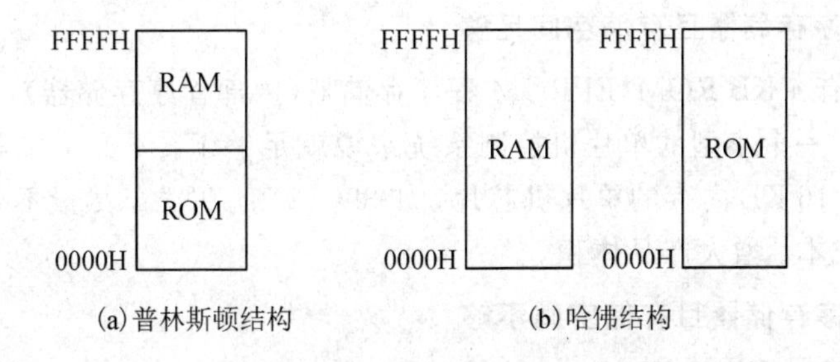

图 2－4　计算机存储器地址的两种结构形式

普林斯顿结构是一种将程序指令存储器和数据存储器合并在一起的存储器结构，即 ROM 和 RAM 位于同一存储空间的不同物理位置。由于指令和数据具有相同的宽度，故 CPU 可以使用相同的指令访问 ROM 和 RAM；哈佛结构是一种将程序指令存储器和数据存储器分开设置的存储器结构，即 ROM 和 RAM 位于不同的存储空间。ROM 和 RAM 中的存储单元可以有相同的地址，CPU 需要采用不同的访问指令加以区别。

MCS－51 单片机存储空间结构如图 2－5 所示。从物理地址空间看，MCS－51 有 4 个存储器地址空间，即片内程序存储器、片外程序存储器、片内数据存储器和片外数据存储器。

由图 2－5 可以看出，MCS－51 单片机的片内 ROM 地址空间为 0000H～0FFFH(共 4 KB)，片外 ROM 地址空间为 1000H～FFFFH(共 64 KB)。片内 RAM 地址空间为 00H～FFH(共 256 B)，片外 RAM 地址空间为 0000H～FFFFH(共 64 KB)。

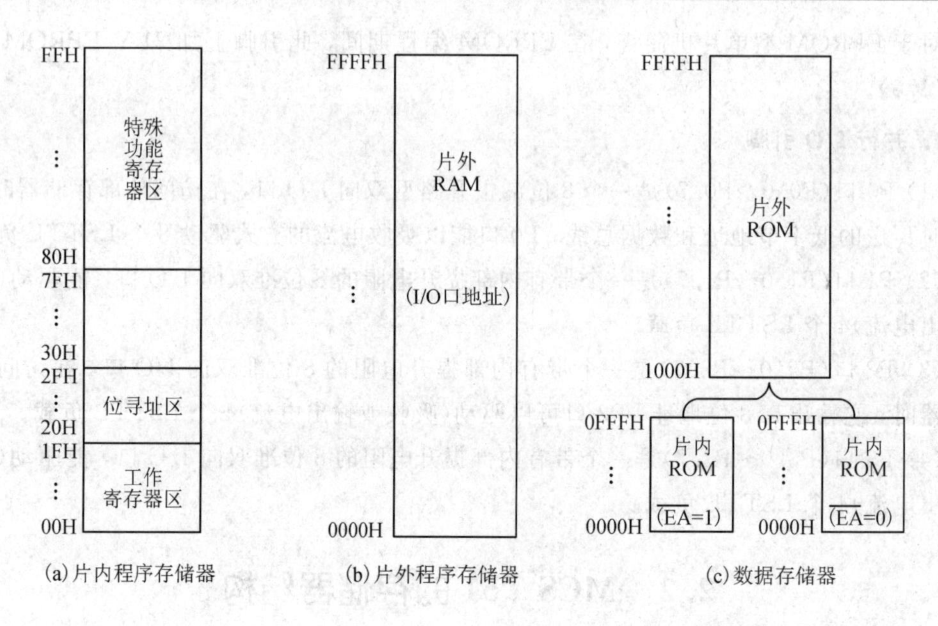

(a)片内程序存储器　(b)片外程序存储器　(c)数据存储器

图2-5　MCS-51单片机存储器空间结构

2.2.2　程序存储器

程序存储器用来存放程序和表格常数。程序存储器以程序计数器PC作地址指针，通过16位地址总线，可寻址的地址空间为64 KB。片内、片外统一编址。

1. 片内有程序存储器且存储空间足够

8051片内带有4 KB ROM/EPROM程序存储器(内部程序存储器)，4 KB可存储约两千多条指令，对于一个小型的单片机控制系统来说就足够了，不必另加程序存储器，若不够还可选8 KB或16 KB内存的单片机芯片，如89C52等。总之，尽量不要扩展外部程序存储器，这会增加成本、增大产品体积。

2. 片内有程序存储器且存储空间不够

若开发的单片机系统较复杂，片内程序存储器存储空间不够用，则可外扩展程序存储器，具体扩展多大的芯片需要计算，由两个条件决定：一是看程序容量大小，二是看扩展芯片容量大小。64 KB总容量减去内部4 KB后的容量即为外部能扩展的最大容量，2764容量为8 KB、27128容量为16 KB、27256容量为32 KB、27512容量为64 KB。若还不够就只能换芯片，选16位芯片或32位芯片均可。选定了芯片后就要算好地址，再将$\overline{EA}$引脚接高电平，使程序从内部ROM开始执行，当PC值超出内部ROM的容量时，CPU会自动转向外部程序存储器空间。

对8051而言，外部程序存储器地址空间为1000H～FFFFH。对这类单片机，若把$\overline{EA}$接低电平，则可用于调试程序，即把要调试的程序放在与内部ROM空间重叠的外部程序存储器内进行调试和修改。调试好后将程序分两段存储，再将$\overline{EA}$接高电平，就可运行整个程序。

3. 片内无程序存储器

8051芯片无内部程序存储器，需外部扩展EPROM芯片，地址0000H～FFFFH都是外部程序存储器空间，在设计时$\overline{EA}$应始终接低电平，使系统只从外部程序储器中取指令。

MCS-51 单片机复位后，程序计数器 PC 的内容为 0000H。因此，系统从 0000H 单元开始取指并执行程序，它是系统执行程序的起始地址，通常在该单元中存放一条跳转指令，而用户程序从跳转地址开始存放程序。

MCS-51 单片机程序存储器有以下 6 个特殊存储器单元：

(1) 0000H：复位后程序自动运行的首地址。

(2) 0003H：外部中断 0 入口地址。

(3) 000BH：定时器 0 溢出中断入口地址。

(4) 0013H：外部中断 1 入口地址。

(5) 001BH：定时器 0 溢出中断入口地址。

(6) 0023H：串行口中断入口地址。

2.2.3 数据存储器

数据存储器用于存放运算中间结果、标志位、待测试的程序等。数据存储器由 RAM 构成，一旦掉电，其数据将会丢失。

1. 内部数据存储器

MCS-51 单片机的数据存储器无论在物理上还是逻辑上都分为两个地址空间：一个为内部数据存储器，访问内部数据存储器用 MOV 指令；另一个为外部数据存储器，访问外部数据存储器用 MOVX 指令。

MCS-51 系列单片机各芯片内部都有数据存储器，这些数据存储器被分成物理上独立的性质不同的几个区：00H～7FH(0～127)单元组成的 128 B 地址空间的 RAM 区；80H～FFH(128～255)单元组成的高 128 B 地址空间的特殊功能寄存器(又称 SFR)区。注意：8032/8052 单片机将这一高 128 B 作为 RAM 区。

在 8051、8751 和 8031 单片机中，只有低 128 B 的 RAM 区和 128 B 的特殊功能寄存器区的地址空间是相连的，特殊功能寄存器(SFR)地址空间为 80H～FFH。注意：128 B 的 SFR 区中只有 26 B 是有定义的，若访问的是这一区中没有定义的单元，则得到的是一个随机数。

内部 RAM 区中不同的地址区域功能结构如图 2-6 所示。其中 00H～1FH(0～31)共 32 个单元是 4 个通用工作寄存器区，每一个区有 8 个工作寄存器，编号为 R0～R7。每一区中 R0～R7 和 RAM 地址的对应关系如表 2-2 所示。

数据缓冲区	地址范围 30H~7FH
位寻址区(位地址00~7F)	地址范围 20H~2FH
工作寄存器区3(R0~R7)	地址范围 18H~1FH
工作寄存器区2(R0~R7)	地址范围 10H~17H
工作寄存器区1(R0~R7)	地址范围 08H~0FH
工作寄存器区0(R0~R7)	地址范围 00H~07H

图 2-6　MCS-51 内部 RAM 存储器结构

表 2-2　寄存器和 RAM 地址对照表

0 区		1 区		2 区		3 区	
地址	寄存器	地址	寄存器	地址	寄存器	地址	寄存器
00H	R0	08H	R0	10H	R0	18H	R0
01H	R1	09H	R1	11H	R1	19H	R1
02H	R2	0AH	R2	12H	R2	1AH	R2
03H	R3	0BH	R3	13H	R3	1BH	R3
04H	R4	0CH	R4	14H	R4	1CH	R4
05H	R5	0DH	R5	15H	R5	1DH	R5
06H	R6	0EH	R6	16H	R6	1EH	R6
07H	R7	0FH	R7	17H	R7	1FH	R7

当前程序使用的工作寄存区是由程序状态字 PSW(特殊功能寄存器，字节地址为0D0H)中的 D4、D3 位(RS1 和 RS0)来指示的。PSW 的状态和工作寄存器区对应关系如表 2-3 所示。

表 2-3　PSW 的状态和工作寄存器区对应关系

PSW.4(RS1)	PSW.3(RS0)	当前使用的工作寄存器区 R0～R7
0	0	0 区 (00H～07H)
0	1	1 区 (08H～0FH)
1	0	2 区 (10H～17H)
1	1	3 区 (18H～1FH)

CPU 通过对 PSW 中的 D4、D3 位内容的修改，就能任选一个工作寄存器区。例如：

```
SETB PSW.3
CLR PSW.4 ；选定第 1 区
SETB PSW.4
CLR PSW.3 ；选定第 2 区
SETB PSW.3
SETB PSW.4 ；选定第 3 区
```

缺省为第 0 区，也叫默认值，这个特点使 MCS-51 具有快速现场保护功能。特别注意的是，如果缺省，在同一段程序中 R0～R7 只能用一次，若用两次则程序会出错。

如果用户程序不需要 4 个工作寄存器区，则不用的工作寄存器单元可以作一般的 RAM 使用。

内部 RAM 的 20H～2FH 为位寻址区(见表 2-4)，这 16 个单元和每一位都有一个位地址，位地址范围为 00H～7FH。位寻址区的每一位都可以被视做软件触发器，由程序直接进行位处理。通常把各种程序状态标志、位控制变量设在位寻址区内。同样，位寻址区的 RAM 单元也可以作一般的数据缓冲器使用。

在一个实际的程序中，往往需要一个后进先出的 RAM 区来保存 CPU 的现场，将这种后进先出的缓冲器区称为堆栈(堆栈的用途详见指令系统和中断章节的介绍)。堆栈原则上可以设在内部 RAM 的任意区域内，但一般设在 30H～7FH 的范围内。栈顶的位置由栈指针 SP 指出。

2. 外部数据存储器

MCS－51 具有扩展 64 KB 外部数据存储器和 I/O 口的能力，这对很多应用领域已足够使用，对外部数据存储器的访问采用 MOVX 指令，用间接寻址方式，R0、R1 和 DPTR 都可作间址寄存器使用。

若系统较小，内部的 RAM(30H～7FH)容量足够，就不要再扩展外部数据存储器 RAM。若确实要扩展，就用串行数据存储器 24C 系列，也可用并行数据存储器。

2.2.4　特殊功能寄存器

MCS－51 单片机内的锁存器、定时器、串行口数据缓冲器以及各种控制寄存和状态寄存器都是以特殊功能寄存器的形式出现的，它们分散地分布在内部 RAM 地址空间范围。

表 2－4 列出了这些特殊功能存储器的助记标识符、名称及地址，其中大部分寄存器的应用将在后面有关章节中详述，这里仅作简单介绍。

表 2－4　RAM 寻址区位地址映象

字节地址	位地址							
	D7	**D6**	**D5**	**D4**	**D3**	**D2**	**D1**	**D0**
2FH	7F	7E	7D	7C	7B	7A	79	78
2EH	77	76	75	74	73	72	71	70
2DH	6F	6E	6D	6C	6B	6A	69	68
2CH	67	66	65	64	63	62	61	60
2BH	5F	5E	5D	5C	5B	5A	59	58
2AH	57	56	55	54	53	52	51	50
29H	4F	4E	4D	4C	4B	4A	49	48
28H	47	46	45	44	43	42	41	40
27H	3F	3E	3D	3C	3B3	3A	39	38
26H	37	36	35	34	33	32	31	30
25H	2F	2E	2D	2C	2B	2A	29	28
24H	27	26	25	24	23	22	21	20
23H	1F	1E	1D	1C	1B	1A	19	18
22H	17	16	15	14	13	12	11	10
21H	0F	0E	0D	0C	0B	0A	09	08
20H	07	06	05	04	03	02	01	00

1. 累加器 ACC

累加器 ACC 是最常用的特殊功能寄存器，大部分单操作数指令的操作取自累加器，很多双操作数指令的其中一个操作数也取自累加器。加、减、乘、除算术运算指令的运算结果都存放在累加器 ACC 或 AB 寄存器对中。指令系统中用 A 作为累加器的助记符。

2. B 寄存器

B 寄存器是乘除法指令中常用的寄存器。乘法指令的两个操作数分别取自 A 和 B，其结果存放在 A B 寄存器对中。除法指令中，被除数取自 A，除数取自 B，商存放于 A 中，余数存放于 B 中。在其他指令中，B 寄存器可作为 RAM 中的一个单元来使用。

3. 程序状态字 PSW

程序状态字 PSW 是一个 8 位寄存器，它包含了程序状态信息，具体参考 2.1 节。

4. 栈指针 SP

栈指针 SP 是一个 8 位特殊功能寄存器，它指示出堆栈顶部在内部 RAM 中的位置。系统复位后，SP 初始化为 07H，使得堆栈事实上由 08H 单元开始。考虑到 08H～1FH 单元分属于工作寄存器区 1～3，若程序设计中要用到这些区，则最好把 SP 值改为 1FH 或更大的值。SP 的初始值越小，堆栈深度就可以越深，堆栈指针的值可以由软件改变，因此堆栈在内部 RAM 中的位置比较灵活。

除用软件直接改变 SP 值外，在执行“PUSH，POP”指令，各种子程序调用，中断响应，子程序返回(RET)和中断返回(RETI)等指令时，SP 值将自动调整。

5. 数据指针 DPTR

数据指针 DPTR 是一个 16 位特殊功能寄存器，其高位字节寄存器用 DPH 表示，低位字节寄器用 DPL 表示。它既可以作为一个 16 位寄存器 DPTR，也可以作为两个独立的 8 位寄存器 DPH 和 DPL。

DPTR 主要用来存放 16 位地址，当对 64 KB 外部存储器寻址时，可作为间址寄存器用。可以用两条传送指令即“MOVX A，@DPTR”和“MOVX @DPTR，A”。在访问程序存储器时，DPTR 可用作基址寄存器，有一条采用基址＋变址寻址方式的指令“MOVC A，@A＋DPTR”，常用于读取存放在程序存储器内的表格常数。

6. 端口 P0～P3

特殊功能寄存器 P0、P1、P2 和 P3 分别是 I/O 端口 P0～P3 的锁存器。P0～P3 作为特殊功能寄存器还可用直接寻址方式参与其他操作指令。

7. 串行数据缓冲器 SBUF

串行数据缓冲器 SBUF 用于存放欲发送或已接收的数据，它实际上由两个独立的寄存器组成，一个是发送缓冲器，另一个是接收缓冲器。这两个缓冲器共用一个地址。

8. 定时/计数器

MCS－51 系列单片机中有两个 16 位定时/计数器 T0 和 T1。它们各由两个独立的 8 位寄存器组成，共有 4 个独立的寄存器：TH0、TL0、TH1 和 TL1，可以对这 4 个寄存器寻址，但不能把 T0 和 T1 当做一个 16 位寄存器来寻址。

9. 其他控制寄存器

IP、IE、TMOD、TCON、SCON 和 PCON 寄存器分别包含中断系统、定时/计数器、串行口和供电方式的控制和状态位，这些寄存器将在以后有关章节中叙述。表 2-5 所示为特殊功能寄存器名称、标识符及地址的对应关系。

表 2-5　特殊功能寄存器名称、标识符及地址的对应关系

标识符	名　称	地　址
* ACC	累加器	E0H
* B	B 寄存器	F0H
* PSW	程序状态字	D0H
SP	堆栈指针	81H
DPTR	数据指针(包括 DPH 和 DPL)	83H 和 82H
* P0	口 0	80H
* P1	口 1	90H
* P2	口 2	A0H
* P3	口 3	B0H
* IP	中断优先级控制	B8H
* IE	允许中断控制	A8H
TMOD	定时/计数器方式控制	89H
TCON	定时/计数器控制	88H
+T2CON	定时/计数器 2 控制	C8H
TH0	定时/计数器 0(高位字节)	8CH
TL0	定时/计数器 0(低位字节)	8AH
TH1	定时/计数器 1(高位字节)	8DH
TL1	定时/计数器 1(低位字节)	8BH
+TH2	定时/计数器 2(高位字节)	CDH
+TL2	定时/计数器 2(低位字节)	CCH
+RLDH	定时/计数器 2 自动再装载	CBH
+RLDL	定时/计数器 2 自动再装载	CAH
* SCON	串行控制	98H
SBUF	串行数据缓冲器	99H
PCON	电源控制	87H

2.3 I/O端口

I/O端口又称为I/O接口，也叫做I/O通道或I/O通路。I/O端口是MCS-51单片机对外部实现控制和信息交换的必经之路。I/O端口有串行和并行之分，串行I/O端口一次只能传送一位二进制信息，并行I/O端口一次能传送一组二进制信息。

MCS-51单片机有4个8位的并行I/O端口，记作P0～P3。每个端口都包含一个同名的特殊功能寄存器，P0～P3并行I/O口的控制是通过对同名特殊功能寄存器的控制实现的，其对应的特殊功能寄存器及地址如图2-7所示。

序号	特殊功能寄存器名称	符号	字节地址
1	P0口锁存器	P0	80H
2	堆栈指针	SP	81H
3	数据地址指针(低8位)	DPL	82H
4	数据地址指针(高8位)	DPH	83H
5	电源控制寄存器	PCON	83H
6	定时/计数器控制寄存器	TCON	88H
7	定时/计数器方式控制寄存器	TMOD	89A
8	定时/计数器0(低8位)	TL0	8AH
9	定时/计数器0(高8位)	TL1	8BH
10	定时/计数器1(低8位)	TH0	8CH
11	定时/计数器1(高8位)	TM1	8DH
12	串行口锁存器	SBUF	99H
13	P2口锁存器	P2	A0H
14	中断允许控制寄存器	IE	A8H
15	P3口锁存器	P3	B0H
16	中断优先级控制寄存器	IP	B8H
17	P1口锁存器	P1	90H
18	串行口控制寄存器	SCON	98H
19	程序状态字	PSW	D0H
20	累加器	A	E0H
21	B寄存器	B	F0H

图2-7　P0～P3口特殊寄存器及其地址

1. P0口

P0口为三态双向口，内部无上拉电阻，字节地址为80H，位地址为80H～87H。P0口包括 1 个输出锁存器、2 个三态缓冲器、1 个输出驱动电路和 1 个输出控制端。输出驱动电路由一对场效应管组成，其工作状态由输出端控制，输出控制端由 1 个与门、1 个反相器和 1 个转换开关 MUX 组成，P0 口位结构如图 2－8 所示。对 8051/8751 来讲，P0 口既可作为通用 I/O 端口使用，又可作为输入输出地址/数据复用总线使用。

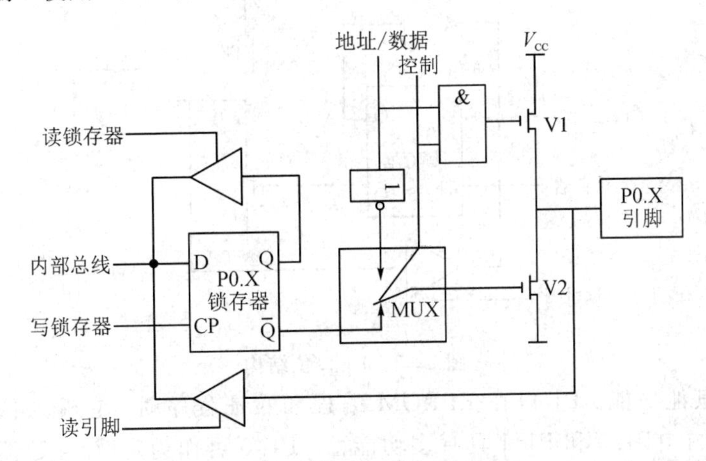

图 2－8　P0 口位结构

(1) P0 口作地址/数据复用总线使用。若从 P0 口输出地址或数据信息，此时控制端应为高电平，转换开关 MUX 将反相器输出端与输出级场效应管 V2 接通，同时与门开锁，内部总线上的地址或数据信号通过与门去驱动 V1 管，又通过反相器去驱动 V2 管，这时内部总线上的地址或数据信号就传送到 P0 口的引脚上。P0 口输出地址或数据信息时低 8 位地址与数据线分时使用 P0 口。低 8 位地址由 ALE 信号的负跳变使它锁存到外部地址锁存器中，而高 8 位地址由 P2 口输出(有关 P0 口和 P2 口的地址/数据总线功能，详见后续章节)。

(2) P0 口作通用 I/O 端口使用。对于有内部 ROM 的单片机而言，P0 口也可以作通用 I/O 使用，此时控制端为低电平，转换开关把输出级与锁存器的 Q 端接通，同时因与门输出为低电平，输出级 V1 管处于截止状态，输出级为漏极开路电路，在驱动 MOS 电路时应外接上拉电阻；作输入口用时，应先将锁存器写“1”，这时输出级两个场效应管均截止，可作高阻抗输入，通过三态输入缓冲器读取引脚信号，从而完成输入操作。

(3) P0 口线上的“读—修改—写”功能。图 2－8 中的一个三态缓冲器是为了读取锁存器 Q 端的数据，Q 端与引脚的数据是一致的。结构上这样安排是为了满足“读—修改—写”指令的需要。这类指令的特点是：先读端口锁存器，随之可能对读入的数据进行修改再写入到端口上。这类指令同样适合于 P1～P3 口，其操作是：先将端口字节的全部 8 位数读入，再通过指令修改某些位，然后将新的数据写回到端口锁存器中。

2. P1 口

(1) P1 口是专门供用户使用的 I/O 口，为 8 位准双向口，位地址为 90H～97H，每一位均可被单独定义为输入或输出口。P1 口是一个有内部上拉电阻的准双向口，位结构如图 2－9 所示，P1 口的每一位端口线都能独立用作输入线或输出线。作输出时，如将“0”写入锁存器，场效应管导通，输出线为低电平，即输出为“0”。因此在作输入时，必须先将“1”写入口锁存器，使场效应管截止。该口线由内部上拉电阻提拉成高电平，同时也能被外部输入源拉成低电平，即当外部输入“1”时，该口线为高电平，而输入“0”时，该口线为低电平。

P1 口作输入时，可被任何 TTL 电路和 MOS 电路驱动，由于具有内部上拉电阻，也可以直接被集电极度开路和漏极开路电路驱动，不必外加上拉电阻。P1 口可驱动 4 个 LSTTL 门电路。

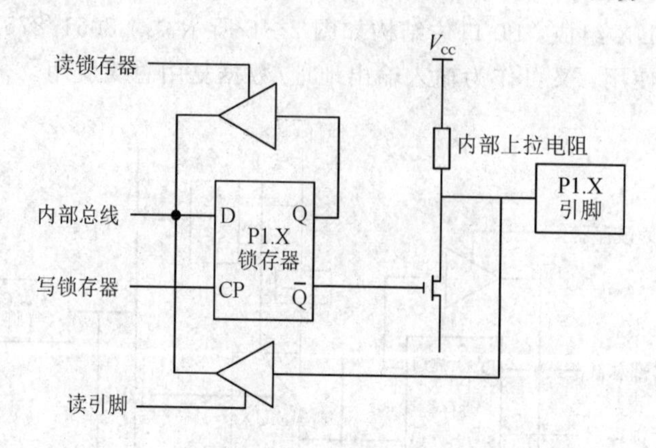

图 2－9　P1 口位结构

(2) P1 口其他功能。P1 口在 EPROM 编程和验证程序时，它输入低 8 位地址。在 8032/8052 系列中，P1.0 和 P1.1 具有多功能性，P1.0 可作为定时/计数器 2 的外部计数触发输入端 T2，P1.1 可作为定时/计数器 2 的外部控制输入端 T2EX。

3. P2 口

P2 口的字节地址为 A0H，位地址为 A0H～A7H，是一个准双向 I/O 口。P2 口的位结构如图 2－10 所示，和 P1 口一样，P2 口的引脚需接上拉电阻。在结构上，P2 口比 P1 口多一个输出控制部分。

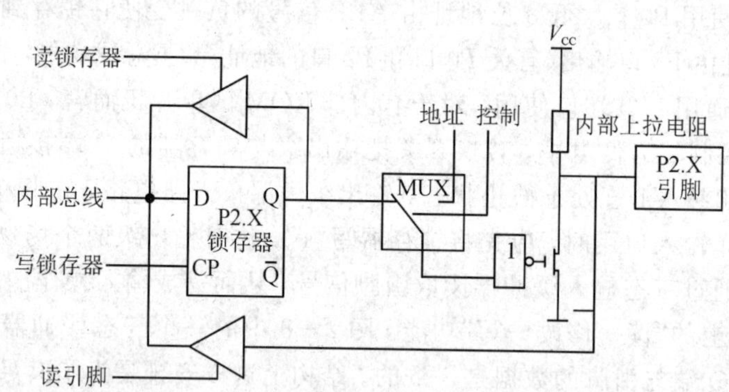

图 2－10　P2 口位结构

(1) P2 口作通用 I/O 端口使用。当 P2 口作通用 I/O 端口使用时，它是一个准双向口，此时转换开关 MUX 倒向左边，输出级与锁存器接通，引脚可接 I/O 设备，其输入/输出操作与 P1 口完全相同。

(2) P2 口作地址总线端口使用。当系统连接外部存储器时，P2 口用于输出高 8 位地址 A15～A8。这时在 CPU 的控制下，转换开关 MUX 倒向右边，接通内部地址总线。P2 口的口线状态取决于片内输出的地址信息，这些地址信息来源于 PCH、DPH 等。在外接程序存储器的系统中，由于访问外部存储器的操作连续不断，故 P2 口不断送出地址高 8 位。例如，在 8031 构成的系统中，P2 口一般只作地址总线端口使用，不再作 I/O 端口直接连外部设备。在不接外部程序存储器而接外部数据存储器的系统中，情况有所不同。若外接数据存储器容量为 256 B，则可使用“MOVX A，@Ri”类指令从 P0 口送出 8 位地址，P2 口上引脚的信号在整个访问外部数据存储器期间也不会改变，故 P2 口仍可作通用 I/O 端口使用；若外接数据存储器容量较大，则需用“MOVX A，@DPTR”类指令，由 P0 口和 P2 口送出 16 位地址。在读写周期内，P2 口引脚上将保持地址信息，但从结构可知，输出地址时，并不要求 P2 口锁存器锁存“1”，锁存器内容也不会在送地址信息时改变，故访问外部数据存储器周期结束后，P2 口锁存器的内容又会重新出现在引脚上。因此，根据访问外部数据存储器的频繁程度，P2 口仍可在一定限度内作一般 I/O 端口使用。P2 口可驱动 4 个 LSTTL 门电路。

4. P3 口

P3 口的字节地址为 B0H，位地址为 B0H～B7H，不仅是一个 8 位准双向 I/O 口，也是一个多用途的端口，作为第一功能使用时，其功能同 P1 口。P3 口的位结构如图 2-11 所示。

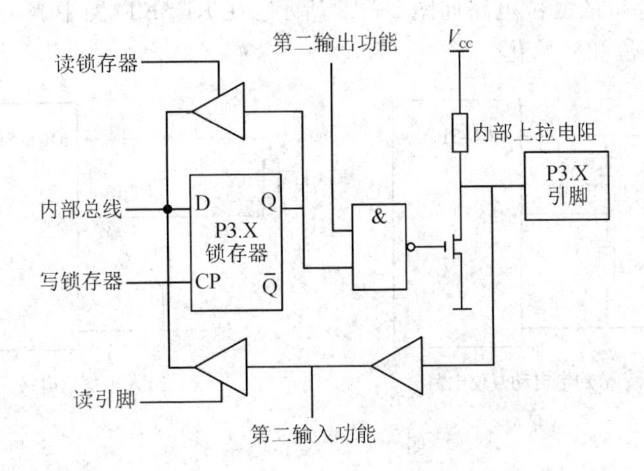

图 2-11 P3 口位结构

当作为第二功能使用时，每一位功能定义如表 2-6 所示。P3 口的第二功能实际上就是系统具有控制功能的控制线。此时相应的口线锁存器必须为“1”状态，与非门的输出由第二功能输出线的状态确定，因此 P3 口线的状态取决于第二功能输出线的电平。在 P3 口的引脚信号输入通道中有两个三态缓冲器，第二功能的输入信号取自第一个缓冲器的输出端，第二个缓冲器仍是第一功能的读引脚信号缓冲器。P3 口可驱动 4 个 LSTTL 门电路。

表 2-6 P3 口的第二功能

端口功能	第二功能
P3.0	RXD——串行输入(数据接收)口
P3.1	TXD——串行输出(数据发送)口
P3.2	$\overline{\text{INT0}}$——外部中断 0 输入线
P3.3	$\overline{\text{INT1}}$——外部中断 1 输入线
P3.4	T0——定时器 0 外部输入
P3.5	T1——定时器 1 外部输入
P3.6	$\overline{\text{WR}}$——外部数据存储器写选通信号输出
P3.7	$\overline{\text{RD}}$——外部数据存储器读选通信号输入

每个I/O端口内部都有一个8位数据输出锁存器和一个8位数据输入缓冲器，4个数据输出锁存器与端口号P0、P1、P2和P3同名，均为特殊功能寄存器。因此，CPU数据从并行I/O端口输出时可以得到锁存，数据输入时可以得到缓冲。

2.4　单片机的复位、时钟与时序

2.4.1　复位与复位电路

单片机在开机时需要复位，以便使CPU及其他功能部件处于一个确定的初始状态，并从这个状态开始工作，单片机应用程序必须以此作为设计的前提。

MCS-51单片机的复位电路如图2-12所示。在RESET(图中表示为RES)输入端出现高电平时实现复位和初始化。

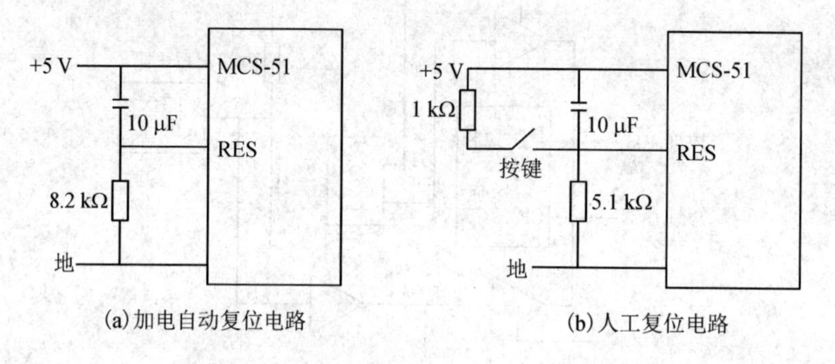

图2-12　复位电路

在振荡电路运行的情况下，要实现复位操作，必须使RES引脚至少保持两个机器周期(24个振荡器周期)的高电平。CPU在第二个机器周期内执行内部复位操作，以后每一个机器周期重复一次，直至RES端电平变低。复位期间不产生ALE及PSEN信号。内部复位操作使堆栈指示器SP为07H，各端口都为1(P0～P3口的内容均匀0FFH)，特殊功能寄存器都复位为0，但不影响RAM的状态。当RES引脚返回低电平后，CPU从0地址开始执行程序。复位后，各内部寄存状态如表2-7所示。

表2-7　寄存器状态

寄存器	内　容	寄存器	内　容
PC	0000H	TMOD	00H
ACC	00H	TCON	00H
B	00H	TH0	00H
PSW	00H	TL0	00H
SP	07H	TH1	00H
DPTR	0000H	TL1	00H
P0～P3	0FFH	SCON	00H
IP	×××00000	SBUF	不定
IE	0××00000	PCON	0×××××××

图 2-12(a)为加电自动复位电路。加电瞬间，RES 端的电位与 V_{CC} 相同，随着 RC 电路充电电流的减小，RES 的电位也随之下降，只要 RES 端保持 10 ms 以上的高电平就能使 MCS-51 单片机有效地复位，复位电路中的 RC 参数通常由实验调整。当振荡频率选用 6 MHz，C 选 22 μF，R 选 1 kΩ 时，便能可靠地实现加电自动复位。若采用 RC 电路接斯密特电路的输入端，斯密特电路输出端接 MCS-51 和外围电路的复位端，则能使系统可靠地同步复位。图 2-12(b)为人工复位电路。

复位电路在实际应用中很重要，不能可靠复位会导致系统不能正常工作，所以现在有专门的复位电路，如 810 系列。不断有厂家推出功能更多的产品，如将复位电路、电源监控电路、看门狗电路、串行 E^2ROM 存储器全部集成在一起的电路，有的可分开单独使用，有的可只用部分功能，使用者可根据具体实际情况灵活选用。

2.4.2　时钟电路

8051 片内设有一个由反向放大器构成的振荡电路，XTAL1 和 XTAL2 分别为振荡电路的输入和输出端，时钟可以由内部方式产生或外部方式产生。内部方式时钟电路如图 2-13所示。在 XTAL1 和 XTAL2 引脚上外接定时元件，内部振荡电路就产生自激振荡。定时元件通常采用石英晶体和电容组成的并联谐振回路。晶振可以在 1.2 MHz～12 MHz 选择，电容值在 5 pF～30 pF 选择，电容的大小可起频率微调作用。

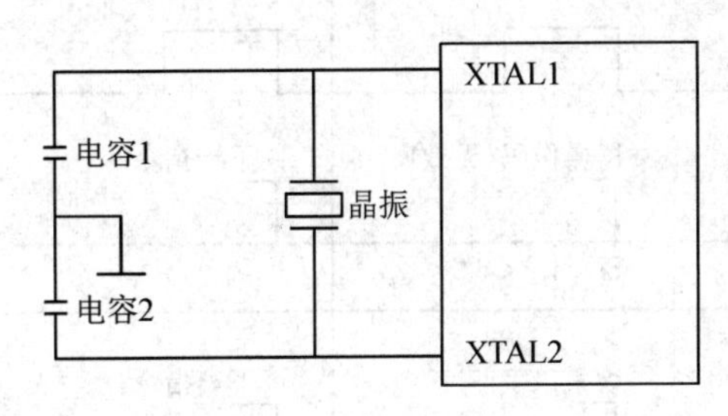

图 2-13　内部方式时钟电路

外部方式的时钟很少用，若要用，只要将 XTAL1 接地，XTAL2 接外部振荡器就行。对外部振荡信号无特殊要求，只要保证脉冲宽度，一般采用频率低于 12 MHz 的方波信号。

晶体振荡器的振荡信号从 XTAL2 端送入内部时钟电路，它将该振荡信号二分频，产生一个两相时钟信号 P1 和 P2 供单片机使用。时钟信号的周期称为状态时间 S，它是振荡周期的 2 倍，P1 信号在每个状态的前半周期有效，P2 信号在每个状态的后半周期有效。CPU 就是以两相时钟 P1 和 P2 为基本节拍协调单片机各部分有效工作的。

2.4.3　单片机的周期和时序

MCS-51 单片机的指令均是在 CPU 控制器的时序控制电路的控制下执行的，各种时序均与时钟周期有关。其主要涉及时钟周期、状态周期、机器周期和指令周期 4 个概念。

1. 时钟周期

时钟周期也称为振荡周期，是单片机时钟脉冲的周期，也是晶振振荡的周期，是单片机时钟控制信号的基本时间单位。晶振振荡频率一般使用 f_{osc} 表示，则时钟周期 $T_{osc}=1/f_{osc}$。

2. 状态周期

状态周期是将时钟脉冲二分频后的脉冲信号周期，所以状态周期是时钟周期的两倍，故状态周期又称为S周期，每个状态又被分成两拍：P1和P2。

3. 机器周期

机器周期是单片机工作的基本定时单位，是CPU完成一个基本操作所需要的时间，一般用T_{cy}表示。MCS-51单片机的每一个机器周期含有12个时钟周期($T_{cy}=12/f_{osc}$)，即6个状态周期(S1～S6)。所以，一个机器周期可以依次表示为S1P1、S1P2、…、S6P1、S6P2。

4. 指令周期

指令周期是指CPU完成一条指令所需要的全部时间。每条指令的执行时间都是由一个或几个机器周期组成的。

图2-14所示为MCS-51单片机的时序，反映了取指和执行指令的定时关系。这些内部时钟信号不能从外部观察到，所以用XTAL2振荡信号作参考。从图2-14中可看到，低8位地址的锁存信号ALE在每个机器周期中两次有效：一次在S1P2与S2P1期间，另一次在S4P2与S5P1期间。

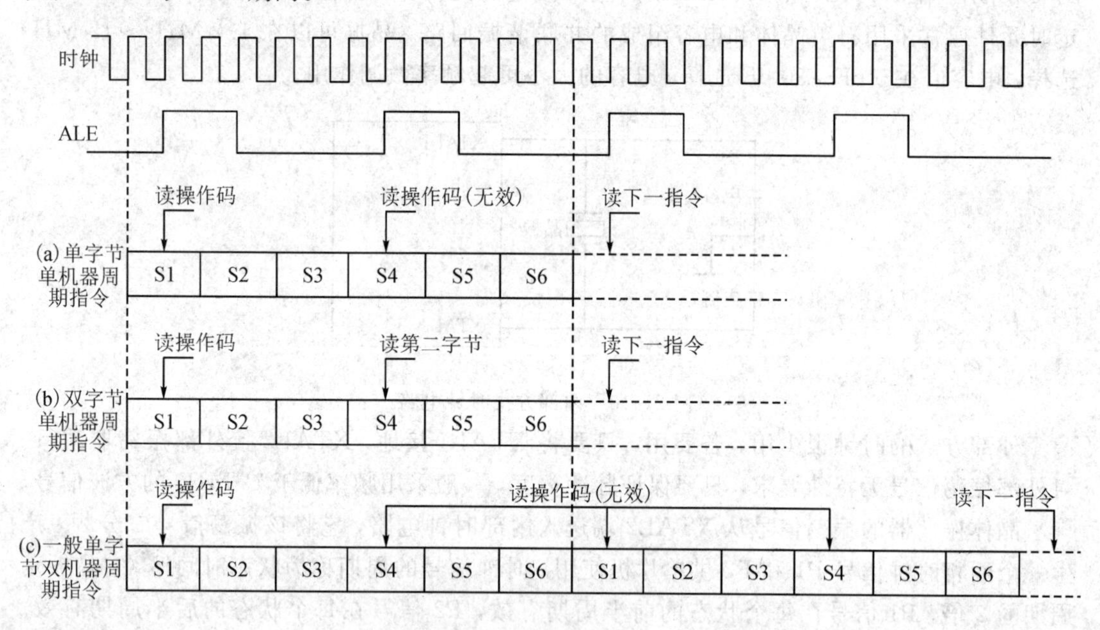

图2-14 MCS-51时序

对于单周期指令，当操作码被送入指令寄存器时，便从S1P2开始执行指令。如果是双字节单机器周期指令，则在同一机器周期的S4期间读入第二个字节，若是单字节单机器周期指令，则在S4期间仍进行读，但所读的这个字节操作码被忽略，程序计数器也不加1，在S6P2结束时完成指令操作。图2-14(a)和图2-14(b)所示为单字节单机器周期和双字节单机器周期指令的时序。MCS-51指令大部分在一个机器周期内完成。乘(MUL)和除(DIV)指令是仅有的需要两个以上机器周期才能完成的指令，占用4个机器周期。对于双字节单机器周期指令，通常是在一个机器周期内从程序存储器中读入两个字节，唯有MOVX指令例外。MOVX是访问外部数据存储器的单字节双机器周期指令。在执行

MOVX 指令期间，外部数据存储器被访问且被选通时跳过两次取指操作。图 2－14(c)所示为一般单字节双机器周期指令的时序。

2.5　单片机最小系统

单片机最小系统也称为单片机最小应用系统，是指使用最少的元件组成的单片机可以工作的系统。对 MCS－51 单片机而言，最小系统应该包括单片机、电源、晶振电路、复位电路等几部分。MCS－51 单片机的最小系统如图 2－15 所示。

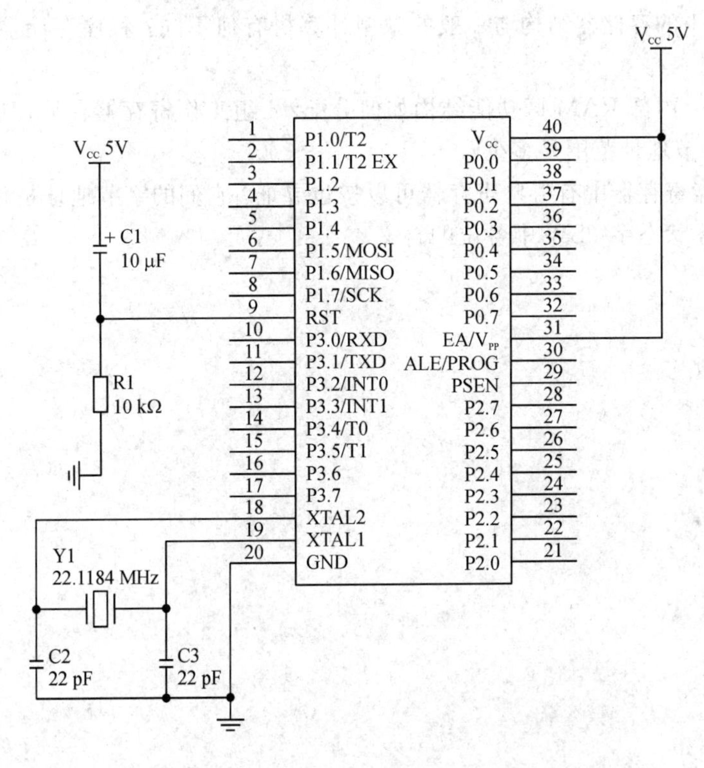

图 2－15　MCS－51 单片机最小系统

本章小结

1. 单片机的 CPU 由控制器和运算器组成，在时钟电路和复位电路的支持下，按一定的时序工作。单片机的时序信号包括时钟周期、状态周期、机器周期和指令周期。

2. MCS－51 系列单片机采用哈佛结构存储器结构，共有 3 个逻辑存储器空间和 4 个物理存储空间。片内低 128 字节 RAM 中包含 4 个工作寄存器组、128 个位地址单元和 80 个字节地址单元；片内高 128 字节 RAM 中离散分布有 21 个特殊功能寄存器。

3. P0～P3 口都可作为准双向 I/O 口，其中只有 P0 口需要外接上拉电阻；在需要扩展外设备时，P2 口可作为其他地址线接口，P0 口可作为其他地址线/数据线复用接口，此时它是真正的双向口。

习　题

1. MCS－51系列单片机内部有哪些主要的逻辑部件？

2. MCS－51设有4个8位并行端口(32条I/O线)，实际应用中8位数据信息由哪一个端口传送？16位地址线是怎样形成的？P3口有何功能？

3. MCS－51单片机中，如果使用12 MHz的晶振，则其时钟周期、机器周期分别为多少？

4. MCS－51的存储器结构与一般的微型计算机有何不同？程序存储器和数据存储器各有何作用？

5. MCS－51内部RAM区功能结构如何分配？4组工作寄存器在使用时该如何选用？位寻址区域的字节地址范围是多少？

6. 特殊功能寄存器中有哪些寄存器可以按位寻址？它们的字节地址是什么？

7. 简述程序状态字PSW中各位的含义。

第 3 章　MCS－51 程序设计基础

Keil C51 是美国 Keil Software 公司专为 51 系列单片机设计的高效率的 C 语言编译器。该软件提供了丰富的库函数和功能强大的集成开发调试工具，生成目标代码的效率非常高，所需要的存储空间很小。

C 语言是一种通用编译型设计语言，是介于高级语言与汇编语言之间的一种高级语言，既可用来开发计算机的系统程序，也可以用来编写嵌入式系统的应用程序。C 语言具有对计算机硬件进行操作的运算符和语句，是其他高级语言无法比拟的，故可以用于单片机和 ARM 等嵌入式系统的开发。用 C 语言开发单片机应用程序具有开发周期短、代码阅读性好、便于移植等优点，已经成为嵌入式系统软件开发的主流高级语言。

C51 通用数据类型与 C 语言的完全一样，前者又扩展了对单片机特点的数据类型声明关键字，如 sfr(用于声明 8 位特殊功能寄存器变量)、sbit(用于声明特殊功能寄存器中可位寻址变量)。C51 运算符与 C 语言的基本一样，C51 的基本语句形式和运算符与 C 语言的也基本一样。针对单片机需要中断服务和处理 I/O 接口信号的特点，C51 增加了中断服务程序函数定义关键字 interrupt、I/O 端口变量定义关键字 sfr/sbit，C51 编译器可以实现对 MCS－51 系列所有资源的操作。C51 具有丰富的函数库，包含 100 多种功能函数的，其中大多数是可载入函数的，为用户提供了极大的方便。

3.1　C51 的程序结构

C51 程序的基本单位是函数。一个 C51 程序至少包含一个主函数，也可以包含一个主函数和若干个其他函数。主函数是程序的入口，只有主函数中所有语句执行完毕后，才允许程序结束。下面用一个简单的例子说明 C51 语言程序结构。

【例 3－1】 单片机控制 LED 闪烁，其电路原理图如图 3－1 所示。

C51 程序如下：

```
#include <reg51.h>

sbit led=P3^0;                //端口定义
void delay();                 //函数声明

void delay()
{
   unsigned int i;
   for(i=200; i>0; i--);      //循环延时
}
```

```
main()
{
  while(1)
  {
    led=0;                    //LED 灭
    delay();
    led=1;                    //LED 亮
    delay();
  }
}
```

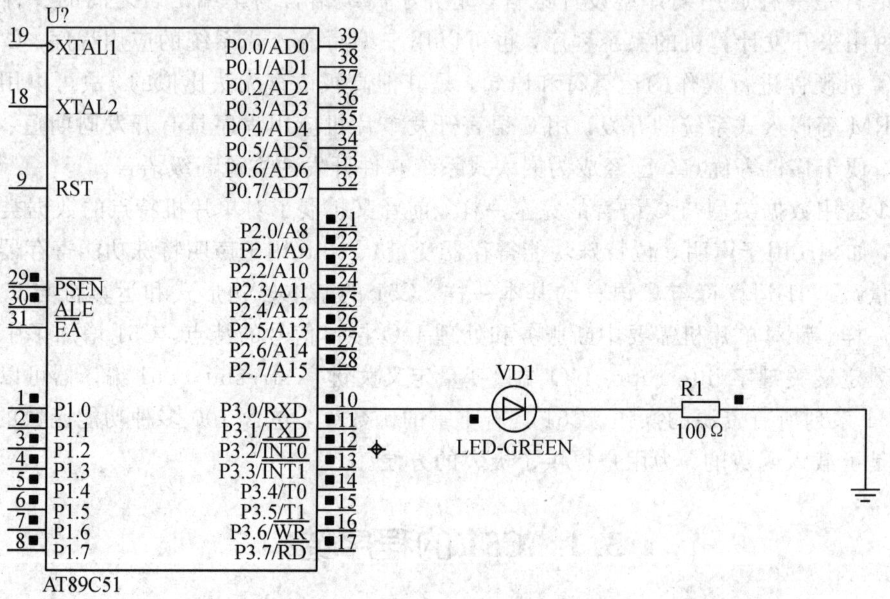

图 3-1　LED 闪烁电路原理图

说明：

(1) reg51.h 头文件中包括对 C51 单片机特殊功能寄存器的集中说明。

(2) sbit led=P3^0 是全局变量定义，使用 sbit 类型将 P3^0 端口定义为变量。

(3) while(1)是一个死循环语句，确保程序一直运行。

(4) for(i=200; i>0; i--)是一个无循环体语句，该循环体语句可以进行软件延时。

(5) 本例中当 P3.0 引脚输出低电平时，LED 熄灭；当 P3.0 引脚输出高电平时，LED 点亮。

从上述程序代码及说明中可以看出，C51 语言程序的基本语句结构为：

```
#include <头文件>
全局变量定义
函数类型说明
函数声明及定义
主函数 main
```

3.2　C51 的数据类型

不同类型的数据在单片机中占据的内存空间是不一样的，而数据的大小是由预先声明的数据类型决定的。C51 除了继承 C 语言中基本的数据类型，如 int、char、long、float 等之外，还具有自身特点的数据类型，如 sbit、sfr 等。

C51 具有以下几种基本数据类型，如表 3－1 所示。

表 3－1　基本数据类型、字长及取值范围

类　型	长度/Byte	取值范围
void	0	无值
char	1	0～255
int	2	－32 768～32 767
float	4	精确到 6 位数

表 3－1 中列出的基本数据类型除了 void 类型之外，在其余类型的前面均可以加上修饰符，通过修饰符来改变基本类型的意义。常见的修饰符有 signed(有符号)、unsigned(无符号)、long(长整型)、short(短整型)。例如：

```
unsigned char c;        //定义 c 为无符号字符型变量
```

另外，为了更加有效地利用 C51 单片机的内部结构特点，C51 还增加了一些特殊的数据类型，如表 3－2 所示。

表 3－2　特殊数据类型及说明

关键字	类　型	用 途 说 明
bit	位标量声明	声明一个位变量或者位类型的函数
sbit	位标量声明	声明一个可位寻址的变量
sfr	特殊寄存器声明	声明一个 8 位特殊功能寄存器
data	存储器类型说明	声明一个直接寻址的单片机内部数据存储器
idata	存储器类型说明	声明一个间接寻址的单片机内部数据寄存器
pdata	存储器类型说明	声明一个分页寻址的单片机内部数据寄存器
xdata	存储器类型说明	声明一个单片机外部数据寄存器
code	存储器类型说明	声明一个单片机程序存储器

3.2.1　变量与常量

常量就是在程序执行过程中固定不变的数据量，变量就是在程序执行中可以改变的数据量。变量和常量是C51单片机处理的数据对象。

1. 常量

C51单片机中的常量主要有数值常量、字符常量和符号常量三种。

例如：

```
12, 256.7, -71, 4.3e-3      //十进制数值常量
0X12, 0XFF                  //十六进制数值常量
'c', '\n', "This is a test!"   //字符常量
```

此外，在C语言中，还可以使用标识符来表示常量，使用标识符表示的常量称为符号常量。符号常量在使用之前必须要使用define关键字进行预定义，预定义格式如下：

```
#define 标识符 常量
```

例如，定义圆周率π为3.14159。

```
#define PI 3.14159
```

其中，#define是一个常用的预处理宏定义命令，在程序中凡是出现PI标识符的地方，都会以3.14159来代替。符号常量是常量的一种，一旦被定义就不能再次给它赋值。

2. 变量

变量是程序中可以修改的数据量。C51规定，一个完整的变量应该具有类型说明符及变量标识符。变量被定义后，C51编译器会在内存中为其划分一定的存储单元，用来存放该变量的值。变量定义的一般形式为：

```
类型说明符  变量标识符
```

例如：

```
int i, j;            //定义i, j为整型变量
char c;              //定义c为字符型变量
float d;             //定义d为浮点型变量
sbit p;              //定义p为位变量
```

3.2.2 基本数据类型

1. 整型

整型数据是最常用的数据类型之一，主要类型如表3-3所示。

表3-3 整型数据类型及说明

数据类型	长度/Byte	取值范围
unsigned short int	2	0～65 535
signed short int	2	−32 768～32 767
unsigned long int	4	$0 \sim 2^{32}-1$
long	4	$-2^{31}+1 \sim 2^{31}-1$

例如：

```
void main()
{
  int a=10, b=-32, c, d;
  unsigned int x=5;
  c=a+x; d=b+x;
}
```

2. 浮点型

浮点型数据主要用于表示包含小数点的数据类型。计算机中的浮点数通常由指数和尾数两个部分组成，尾数代表浮点上的实际二进制数，决定了数据的精度；指数用 2 的幂代表，决定数据的大小。

C51 单片机支持 float、double、long double 三种浮点类型，这三种浮点类型均只表示带符号浮点数。但是 C51 通常不区分，实际应用中这三种类型都被当做 float 类型对待。因此，这三种浮点类型的精度和取值范围都相同，在单片机中占 4 个字节，取值范围为 $3.4\times 10^{-38}\sim 3.4\times 10^{38}$。

例如：

```
void main()
{
  float a;
  double b;
  a=1234.5678; b=4567.1
}
```

由于 a 是单精度浮点类型，有效位数为 7 位，故 a 被赋值 1234.568000。b 虽然是双精度浮点类型，但在 C51 中被当做 float 处理，有效位数仍然为 7 位，故 b 被赋值 4567.100000。

3. 字符型

表 3－4 所示为 C51 单片机处理的字符型数据，它分为有符号字符型数据和无符号字符型数据两种，均占用 1 个字节空间。

表 3－4　字符型数据

数据类型	长度/Byte	取值范围
unsigned char	1	－128～127
signed char	1	0～255

例如：

```
void main()
{
```

```
    char c1, c2;
    c1=65; c2=97;
}
```

因为“A”和“a”的ASCII码值分别为65和97，故字符型变量c1被赋值“A”，c2被赋值“a”。

3.2.3 单片机特有的数据类型

1. 位类型

在单片机编程时，位类型数据的操作使用比较频繁。C51提供了两种位操作类型bit和sbit，它们在内存中都只占一个二进制位。这两种位类型的长度及取值范围如表3-5所示。

表3-5 位类型长度及取值范围

数据类型	长度/bit	取值范围
bit	1	0、1
sbit	1	0、1

1) bit

bit类型是C51语言中长度最小的数据类型之一，只有0和1两种取值。在实际应用中，通常把它看做布尔类型(Boolean)中的True和False。bit位类型符用于定义一般可处理的位变量，但存储器类型只能是bdata、data和idata，只能是片内RAM的可寻址区，严格来说只能是bdata。定义格式如下：

```
bit 位变量名;
```

例如，bit型变量的定义。

```
bit data a1;      //正确
bit bdata a2;     //正确
bit pdata a3;     //错误
bit xdata a4;     //错误
```

2) sbit

通常使用sbit代表单片机中特殊寄存器的某一位。用户对于单片机内部资源的访问都是通过访问特殊寄存器来实现的，这些特殊寄存器都必须在reg51.h头文件中加以说明。这时，就可以使用sbit类型对特殊寄存器的某一位进行操作和控制。定义格式如下：

```
sbit 位变量标识=sfr名称^位位置
```

例如，要访问P0口中的第三个引脚P0.3，可以这样定义它：

```
sbit led=P0^3;
```

这样，就把led定义到P0口的第三个引脚上了，直接操作led变量就可以控制P0.3引脚。

2. 特殊功能寄存器类型

MCS－51 单片机内部有许多特殊功能的寄存器，通过这些特殊功能寄存器可以控制单片机的定时/计数器、串行接口、I/O 接口及其他功能部件，每一个特殊功能寄存器在片内 RAM 中都对应一个字节或两个字节的存储单元。

用户对这些特殊功能寄存器进行访问时，需要通过 sfr 或者 sfr16 类型说明符进行定义，且必须指明它们所对应的片内 RAM 单元的地址，定义格式如下：

```
sfr 特殊功能寄存器名 = 地址；
sfr16 特殊功能寄存器名 = 地址；
```

其中，sfr 用于对 MCS－51 单片机中单字节的特殊功能寄存器进行定义，sfr16 用于对 MCS－51 单片机中双字节的特殊功能寄存器进行定义。书写过程中，特殊功能寄存器名一般采用大写字母表示。

例如：

```
sfr PSW=0xd0；
sfr P1=0x90；
sfr SCON=0x98；
sfr16 DPTR=0x82；
sfr16 T1=0x8a；
```

3. 存储器类型

存储器类型用于指明变量所在单片机的存储器位置，存储器类型是一种逻辑类型。MCS－51 单片机存储器的逻辑结构分为 4 个空间：片内存储器和片外存储器、片内数据存储器和片外数据存储器，每一种存储器具有不同的寻址指令特点。C51 编译器将存储器类型分为 6 种，如表 3－6 所示。

表 3－6　存储器类型描述

存储器类型	描　述
data	直接寻址的片内 RAM，对变量的访问速度最快
bdata	片内 RAM 的可位寻址区(20H～2FH)，支持字节和位混合寻址访问
idata	用 Ri 间接寻址访问的片内 RAM，允许访问全部片内 256 字节的 RAM
pdata	用 Ri 间接访问片外 RAM 的第一页(256 字节)
xdata	用 DPTR 间接访问全部片外 64 KB 的 RAM
code	程序存储器 ROM 64 KB 空间

1）显式声明存储类型变量

给变量声明存储类型是 C51 系列单片机特有的要求，标准 C 语言没有这一要求。显式声明存储类型变量格式如下：

数据类型［存储类型］变量名

例如，定义存储类型变量。

```
char data var1;        //在片内 RAM 的 128 B 空间定义用直接寻址方式访问 char 型变量 var1
int idata var2;              //在片内 RAM 的 256 B 空间定义用间接寻址方式访问 int 型变量 var2
unsigned char bdata var3; //在片内 RAM 位寻址区 20H～2FH 单元定义可字节处理和
                             位处理的 unsigned int 型变量 var3
extern float xdata var4;     //在片外 RAM 的 64 KB 空间定义用间接寻址方式访问 float
                             型变量 var4
int code var5;               //在 ROM 空间定义 int 型变量 var5
```

2）隐式声明存储类型变量

隐式声明存储器类型变量格式如下：

```
#pragma 存储模式
数据类型 变量名
```

存储模式决定了函数参数、自动变量以及没有明确指明存储类型的变量均使用默认存储类型。C51 编译器支持三种存储模式：small 模式、compact 模式和 large 模式。

small 模式又称为小编译模式。在 small 模式下的编译过程中，所有变量包括函数参数都驻留在内部存储器中，访问效率高。但是由于目标程序的所有变量包括堆栈必须全部装入内部 RAM，堆栈大小就成为关键问题。

compact 模式又称为紧凑编译模式。在 compact 模式下的编译过程中，函数参数和变量被默认驻留在外部数据存储器的第一页内，即片外 RAM 的低 256 B 空间，这与使用 pdata 存储器类型说明符声明变量一致，所以最多可以定义 256 B 的变量。

large 模式又称为大编译模式。在 large 模式下的编译过程中，所有变量包括函数参数都默认驻留在片外 RAM 的 64 KB 空间，这与使用 xdata 存储器类型说明符声明变量是一致的。

使用“#pragma 存储模式”可以指定存储模式，默认存储模式为 small 模式，等价于 data 存储类型。通过使用存储类型说明符声明变量，就可以覆盖通过存储模式得到的默认存储类型。

例如，定义变量最小存储模式。

```
#pragma small           //定义变量的存储模式为 small
char k1;
int xdata m1;
```

例如，定义变量紧凑存储模式。

```
#pragma compact         //定义变量的存储模式为 compact
char k2;
int xdata m2;
```

例如，定义函数最大存储模式。

```
int fun(int x, int y) large //定义函数的存储模式为 large
{
    return (x+y);
}
```

3.3　运算符及表达式

上一节介绍了 C51 中的数据类型，那么 C 语言是如何操作这些数据的呢？这就需要用到各种运算符和表达式。C51 中主要包括六类运算符：算术运算符、关系运算符、逻辑运算符、赋值运算符、移位运算符和位运算符。

1. 算术运算符及表达式

C 语言常用的算术运算符有“＋”“－”“＊”“/”“％”“＋＋”“－－”这几种。算术运算符及含义如表 3－7 所示。

表 3－7　算术运算符及含义

运 算 符	含　义
＋	加法
－	减法、取负
＊	乘法
/	除法
％	取余
＋＋	自加
－－	自减

将算术运算符和操作数结合起来即构成算术表达式，如 a＋b、a％b、a＋＋等。

算术运算符的优先级由高到低依次为：( )、＋＋、－－、－(负号)、＊、/ 、％、＋、－。同级运算符则按照从左向右的顺序依次运算，想要修改运算符优先级，可以在算术表达式中配合使用括号。例如：

```
void main()
{
  int x, y, s1, s2;
  x=20; y=11;
  s1=(x++)+(x++);
  s2=(++y)+(++y);
}
```

该段程序运行完毕后，x 自加两次，最终值为 22；y 自加两次，最终值为 13；s1 的值为 x 和 x＋1 进行加运算的结果 41；s2 的值为 y＋1 和 y＋2 进行加运算的结果 25。

2. 关系运算符及表达式

C51 语言中，关系运算符主要用来比较两个数的大小，其结果只有 1(True)和 0(False)两种逻辑值。关系运算符及含义如表 3－8 所示。

表 3-8　关系运算符及含义

运算符	含　义
>	大于
>=	大于或大于等于
<	小于
<=	小于或小于等于
==	等于
!=	不等于

例如：

```
void main()
{
  int a, b, c, d;
  a=3>2;
  b=10==10;
  c=3>2>1;
}
```

该段程序运行完毕后，a 值为 1，3>2 关系成立；b 值为 1，10 和 10 比较大小结果相等，关系成立；c 值为 0，对于关系 3>2>1，两个“>”为同级运算符，则自左向右依次运算，先运算 3>2，关系成立，值为 1，再比较 1>1，关系不成立，故结果为 0。

3. 逻辑运算符及表达式

C51 中的逻辑运算符主要有三种：与、或、非。逻辑运算符也是双目运算符，操作对象可以是整型数据、字符型数据及浮点型数据，运算结果只有 1(True)和 0(False)两种逻辑值。逻辑运算符及含义与逻辑运算真值表分别如表 3-9、表 3-10 所示。

表 3-9　逻辑运算符及含义

运算符	含　义
&&	逻辑与运算
‖	逻辑或运算
!	逻辑非运算

表 3-10　逻辑运算真值表

A	B	A&&B	A‖B	!A
0	0	0	0	1
0	1	0	1	1
1	0	0	1	0
1	1	1	1	0

例如：

```
void main()
{
  int a, b, c, d;
  a=1 && 0
  b=2 || 0;
  c=! 0;
}
```

该段程序运行完毕后，a 值为 0，一个非 0 的整数与 0 进行与运算，结果为 0；b 值为 1，一个非 0 的整数与 0 进行或运算，结果为 1；c 值为 1，对 0 进行取反，结果为 1。

4. 赋值运算符及表达式

赋值运算符是 C51 编程中最常用的运算符之一，使用赋值运算符可以给某变量一个确定的值。赋值运算符及含义如表 3－11 所示。

表 3－11　赋值运算符及含义

运算符	含义
=	赋值
+=	加法赋值
-=	减法赋值
*=	乘法赋值
/=	除法赋值
%=	取余赋值
≪==	左移赋值
≫==	右移赋值
&=	逻辑与赋值
|=	逻辑或赋值
^=	逻辑异或赋值
~=	逻辑非赋值

例如：

```
a=1=3      //先求解关系表达式 1=3 的结果，然后将结果 False 赋值给 a
b&=0x0f    //b=b & 0x0f
```

5. 移位运算符及表达式

移位运算符主要是将参与运算的二进制数据分别向左或者向右进行移动。C51 中常用的移位运算符主要有“≫”和“≪”两种。移位运算符及含义如表 3－12 所示。

表 3－12　移位运算符及含义

运算符	含　义
≫	右移运算
≪	左移运算

说明：

(1) C51 中的移位运算并不是循环移位，当某位从一端移出后，另一端移入 0，移去的位永远丢失。

(2) 对无符号数进行右移运算时，左端补“0”，称为逻辑右移；对带符号负数，即符号位为“1”进行右移运算时，左端补“1”，称为算术右移。

例如：

```
a＝00110000；
b＝10011100；
a＝a≪1；
b＝b≫1；
```

a 左移 1 位，移位后结果为 01100000；b 右移 1 位，由于 b 是负数，故移位后结果为 11001110。

6. 位运算符及表达式

位运算是单片机编程中非常重要的一类运算，程序在单片机中都是以二进制形式存在的，在对单片机进行控制时经常需要用到它。使用位运算符可以同时改变寄存器中多个位的值。位运算符及含义如表 3－13 所示。

表 3－13　位运算符及含义

<table>
<tr><th>运算符</th><th>含　义</th></tr>
<tr><td>&</td><td>逻辑与</td></tr>
<tr><td>|</td><td>逻辑或</td></tr>
<tr><td>^</td><td>逻辑异或</td></tr>
<tr><td>～</td><td>按位取补</td></tr>
</table>

假设有两个变量 a 和 b，分别让它们做上表中的位运算：

```
char a＝0x0c；
char b＝0xc0；
```

(1) a & b：把 a 和 b 的每一位进行与运算，结果为 0x00。

(2) a | b：把 a 和 b 的每一位进行或运算，结果为 0xcc。

(3) ～a：把 a 的每一位取反，结果为 0xf3。

(4) a ^ b：把 a 和 b 的每一位进行异或运算，结果为 0xcc。

3.4　程序控制结构

C51 程序的执行部分由语句组成，目前编程一般都采用结构化的设计方法，通过在程序设计中加入相应的控制结构来控制程序的执行。程序控制结构一般有顺序、条件、循环三大类，下面主要介绍条件结构和循环结构。

3.4.1　条件结构

条件结构即根据某一特定条件判定程序的走向。条件结构由 if 或者 switch 关键字引导，其中 if 又有三种表达方式。if 语句流程图如图 3－2 所示。

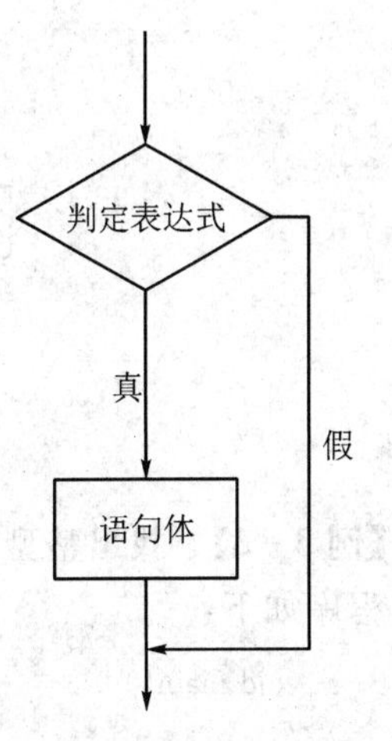

图 3－2　if 语句执行流程图

1. 表达方式 1——if

第一种表达方式的格式如下：

```
if(判定表达式)
{
  语句体
}
```

【例 3－2】　找出 a 和 b 中较大的一个数。

程序如下：

```
void main()
{
  int a，b，max；
  a=3；b=2；
  max=b；
  if(a>b)
  {
    min=a；
  }
}
```

由例 3－2 可以看出，if 语句中的“判定表达式”通常为逻辑表达式或者关系表达式。if 语句的第一种表达方式只提供了一条可供选择的分支，如果判定表达式为真，则执行该分支语句，否则什么也不做。

2. 表达方式 2——if...else

if 分支结构可以配合 else 关键字使用，从而提供两条可供选择的分支语句。第二种表达方式的格式如下：

```
if(判定表达式)
{
  语句体 1
```

```
}
else
{
  语句体 2
}
```

if...else 语句执行流程图如图 3-3 所示。

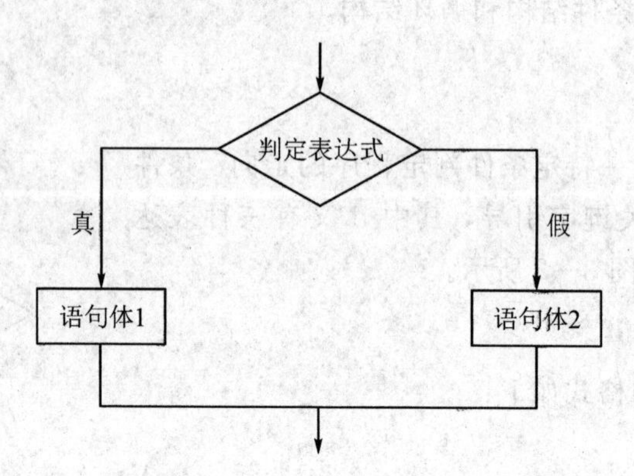

图 3-3　if...else 语句执行流程图

【例 3-3】 找出整型变量 a 和 b 中较小的一个数。

程序如下：

```
void main()
{
  int a, b, min;
  a=3;
  b=2;
  if(a>b)
  {
    min=b;
  }
  else
  {
    min=a;
  }
}
```

通过例 3-3 可以看出，解决同一问题使用 if...else 结构可使程序结构更加清晰。

3. 表达方式 3——if...else if...

很多场合下，需要对多个条件进行综合判定，上面两种表达方式就不能满足要求了。这时，需要一种多分支的选择结构，if...else if...结构就能很好地满足这一需求。第三种表达方式的格式如下：

```
if(判定表达式 1)
{
  语句体 1
```

```
}
else if(判定表达式 2)
{
  语句体 2
}
else if(判定表达式 3)
{
  语句体 3
}
⋮
else
{
  语句体 n
}
```

其语句执行流程图如图 3－4 所示。

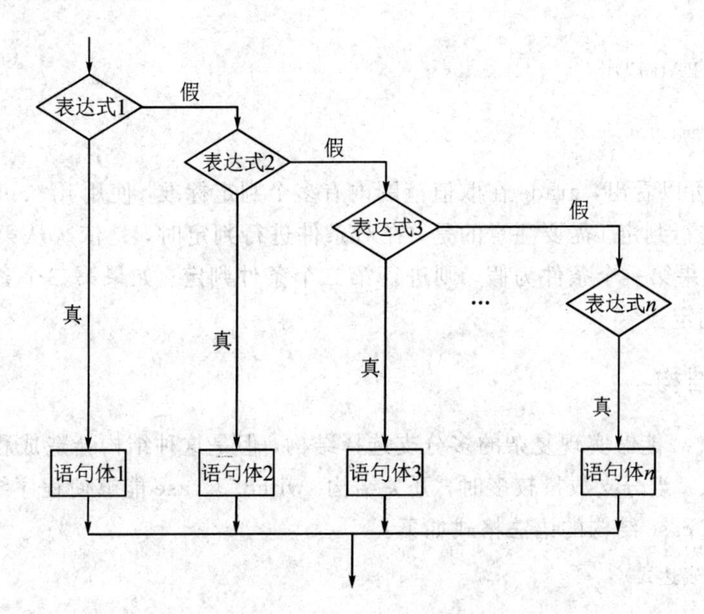

图 3－4　if... else if... 语句执行流程图

【例 3－4】　根据学生成绩 grade 判定等级，学生成绩使用百分制。若 grade≥90，则等级为"A"；若 grade≥80，则等级为"B"；若 grade≥70，则等级为"C"；若 grade≥60，则等级为"D"；若 grade＜60，则等级为"FAILED!"。

程序如下：

```
void main()
{
  int grade;
  if(grade>=90)
```

```
    {
      //"A"等级
    }
    else if(grade>=80)
    {
      //"B"等级
    }
    else if(grade>=70)
    {
      //"C"等级
    }
    else if(grade>=60)
    {
      //"D"等级
    }
  else
  {
      //"FAILED!"
    }
  }
```

从例 3-4 可以看出，grade 在取值范围内有多个判定标准，使用 if...else if...结构依次对每个条件进行判定。需要注意的是，在对条件进行判定时，是依次从第一个条件开始进行判定的，如果第一个条件为假，则进行第二个条件判定；如果第二个条件为假，再进行第三个条件判定。

3.4.2 开关结构

if...else if...能够实现复杂的多分支选择结构，但是这种结构会造成程序冗长，使程序的可读性降低。当分支数量较多时，开关结构 switch...case 能够使程序结构清晰，方便阅读。switch...case 结构的语法格式如下：

```
switch(表达式)
{
  case 常量表达式 1：语句体 1；break；
  case 常量表达式 2：语句体 2；break；
  case 常量表达式 3：语句体 3；break；
  ⋮
  case 常量表达式 n：语句体 n
  default：{语句体 n+1}
}
```

关于开关结构 switch...case，还有以下几点需要说明：

(1) switch 语句在执行过程中，先计算表达式的值，表达式的值一般为整型或字符型。然后逐个和 case 后面的表达式的值进行比较，如果表达式的值与某个常量表达式的值相等，则执行对应常量表达式后面的语句体。

（2）如果在 case 语句后有 break 语句，则程序执行到此就提前跳出开关结构；如果没有 break 语句，则程序继续执行下面的 case 语句。

（3）{ }内部可以有多个 case 语句和至多一个 default 语句。执行该语句时，先计算表达式的值，再与 case 后面的常量表达式进行匹配。若匹配，则执行 case 后面的语句体；若没有与之匹配的 case，则执行 default 后面的语句体。

（4）case 和 default 语句的顺序改变，不会影响程序运行结果。

例如，在单片机程序设计中，经常使用 switch 语句作为键盘按键按下动作的判别，并根据按下的按键执行不同的分支程序。

```
input：int keynum＝keyscan( )；     //keyscan( )为用户自定义的键盘扫描函数，如果有按键
                                      按下，则返回不同的整型按键值
switch(keynum)
{
  case 1：key1( )；break；
  case 2：key2( )；break；
  case 3：key3( )；break；
  ⋮
  default：go to input
}
```

3.4.3　循环结构

循环就是指程序中的部分代码会被反复执行多次。熟练掌握循环结构是 C51 程序设计的基本要求。在编程中使用循环结构，可以尽量减少重复代码的编写，提高程序的可读性。但是对于循环的控制要求比较严格，也就是说，循环必须有一个出口，否则循环就会无限制循环下去，造成死循环。

C 语言中的循环结构主要包括 for 循环、while 循环、goto 循环等。其中，前两种循环使用较多，下面介绍这两种循环结构。

1. for 循环

如果循环次数已知，则可以使用 for 循环。for 循环是可控的。for 循环一般的格式为：

```
for(初值表达式；循环条件表达式；更新表达式)
{
    循环体；
}
```

for 循环的执行顺序为：

（1）循环控制变量初始化赋值。

（2）判断循环条件表达式，如果为真，转(3)；否则，循环结束，转(5)。

（3）求解更新表达式。

（4）返回(2)继续执行。

（5）循环结束，执行循环体外的第一条语句。

for 循环执行流程图如图 3-5 所示。

例如，进行 1～50 累加，可以使用如下语句实现：

```
int i, sum;
for(i=1; i<=50; i++)
    sum=sum+i;
```

说明：

(1) i 为循环控制变量，i 的初值为 1，用于计数。

(2) i<=50 为循环执行条件，如果条件满足则循环继续，否则循环结束；i>50 即为循环出口条件。每次执行完循环后，都需要进行循环体的判断。

(3) i++为更新表达式，每次执行循环体后，i 自动加 1。

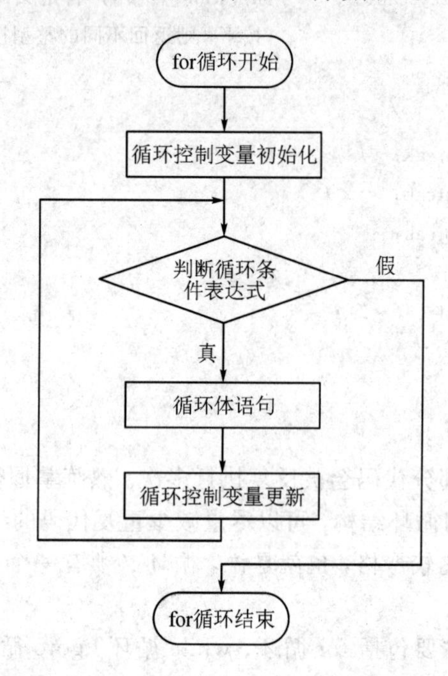

图 3-5 for 循环执行流程图

【例 3-5】 国际象棋棋盘有 64 格，若在第一格放 1 粒谷子，第二格放 2 粒谷子，第三格放 4 粒谷子，第四格放 8 粒谷子，依次类推，一直放到 64 格。假设 20 000 000 粒谷子有一吨重，则需要多少吨谷子才能放满 64 个格子。

分析如下：

(1) 后一个格子放置谷子的数量应该是前一个格子的两倍。

(2) 应该设置一个循环，控制 64 个格子中每个格子放置谷子的数量。

程序如下：

```
void main()
{
  int i;           //用于控制循环执行次数
  long n, s;       //n用于保存每个格子中放置谷子的数量；s用于保存谷子总数
  float f;
```

```
    n=1;
    s=1;
    for(i=2; i<=64; i++)
    {
      n*=2; ;
      s+=n;
    }
    f=s/20000000;
}
```

在例 3－5 中，使用 i 来控制循环执行的次数，循环一共执行了 63 次，把这种类型的循环称为单层循环。但在实际应用中，还需要在 for 循环体中再加入 for 循环，这样就构成了 for 循环的嵌套，其一般语法格式如下：

```
for(初值表达式 1; 循环条件表达式 1; 更新表达式 1)
{
  循环体 1
  for(初值表达式 2; 循环条件表达式 2; 更新表达式 2)
  {
  循环体 2
  }
}
```

说明：

(1) 循环从外层开始执行，外层循环执行一次，内层循环需要从头到尾执行一次。

(2) 每层循环之间不得交叉。

循环嵌套流程图如图 3－6 所示。

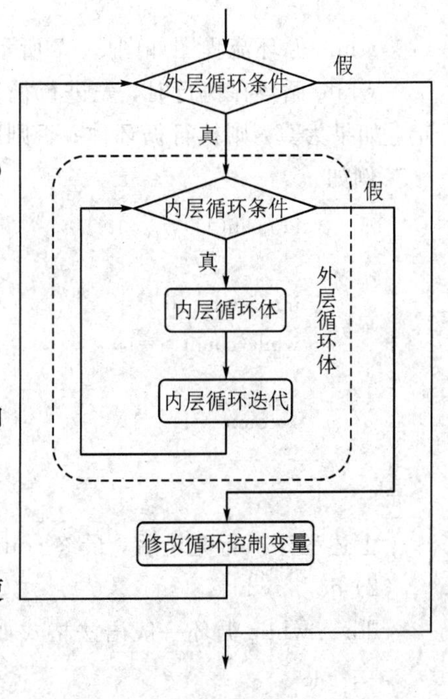

图 3－6　循环嵌套流程图

【例 3－6】 单片机采用 12 MHz 的时钟频率，使用 for 循环嵌套进行 1 s 的延时。

程序如下：

```
void delay()
{
  int i, j;
  for(i=1000; i>0; i--)
    for(j=125; j>0; j--);
}
```

分析如下：

(1) 单片机的一个机器周期由 12 个时钟周期构成，也就是 12 MHz/12=1 MHz，大约是 1 μs。

(2) 单片机执行一条指令需要 1～4 个机器周期，一个 for 循环需要 8 个指令周期。

(3) 在 12 MHz 的时钟频率下，内层执行 125 次 for 循环所消耗的时间大约是 125×8×1 μs=1 ms。

(4) 外层循环重复执行1000次，全部执行完毕所需时间是1000×1 ms=1 s。

2. while循环

前面介绍的for循环通常用于循环次数已知的情况，在很多情况下，循环次数不确定，这时就需要用到while循环。C51中的while循环主要有两种形式：while和do...while结构。下面分别介绍这两种结构。

1) while结构

while循环一般语法格式如下：

```
while(循环条件表达式)
{
  循环体
}
```

while循环流程图如图3-7所示。

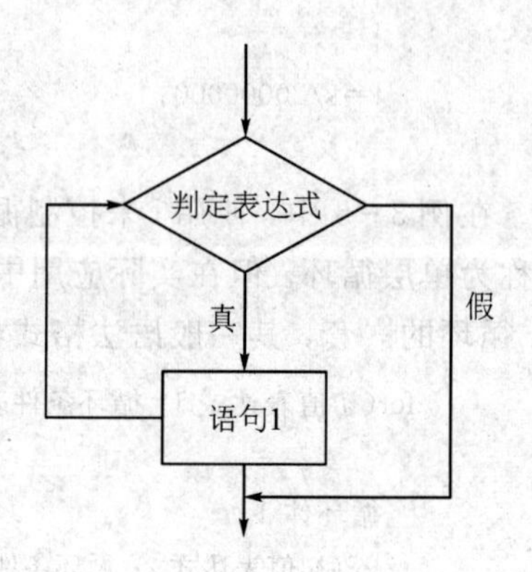

图3-7 while循环流程图

while循环在执行时，先进行循环条件表达式的判定，如果为真，则执行循环体；否则跳出循环。

例如：

```
void main()
{
  int count=10;
  while(count>=6)
  {
    count--;
  }
}
```

上述程序执行完毕后，最终count的值为5。

2) do...while

do...while循环一般语法格式如下：

```
do
{
    循环体
} while(循环条件表达式)
```

do...while循环流程图如图3-8所示。

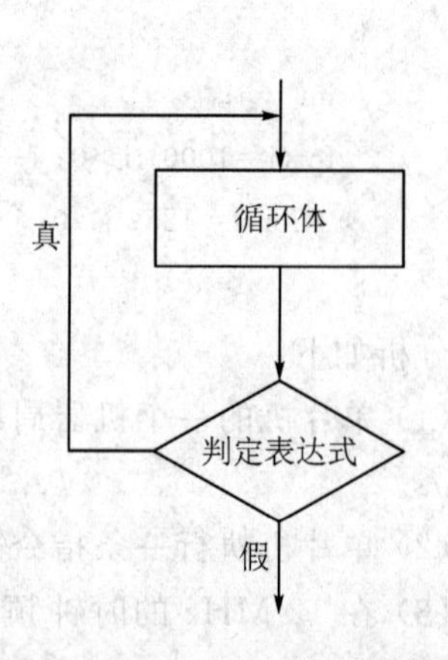

图3-8 do...while循环流程图

do...while循环在执行时，先执行循环体语句，如果循环判定条件为真，则重复执行循环体，否则跳出循环，循环结束。

例如：

```
void main()
{
  int count=10;
  do
```

```
    {
      count--;
    } while(count>=5);
}
```

上述程序执行完毕后，最终 count 的值为 4。

综合上述两个实例可知，while 循环和 do... while 都可以用于循环次数未知的场合，两种循环之间的差别在于循环体执行的先后顺序。while 循环在执行时，先进行循环条件判定，count 初值为 5，不满足循环执行条件，故循环不执行，程序执行完毕后，count 的值仍然为 5；do... while 循环在执行时，先执行循环体，执行 count－－操作，count 值变成 4，再进行循环条件判定，不满足循环执行条件，循环结束。

3.5　函　　数

C 语言是由函数构成的，熟练掌握函数的定义和调用对编程非常重要。C 语言有用户自定义函数和标准库函数两种。

3.5.1　函数定义

C51 中的库函数可以被直接调用。而实际应用中，有时需要用户自己去定义函数，定义了函数后，也可以直接在程序中进行调用。定义函数的格式如下：

```
函数返回值类型函数名(类型 形式参数 1，类型 形式参数 2，…，类型 形式参数 n)
{
    函数体
}
```

关于上面的函数定义还有几点需要说明：

(1) 函数可以指定返回值，也可以不指定返回值，若函数不带返回值，则默认返回 void 类型。

(2) 函数名的定义规则和变量名的定义规则一样，不可以为系统关键字，在其作用域内唯一。

(3) 函数中包含的形参可以有一个或多个，也可以没有。

例如，例 3-6 中提到的单片机延时函数 delay。

```
void delay()
{
  int i, j;
  for(i=1000; i>0; i--)
    for(j=125; j>0; j--);
}
```

在这个自定义的函数中，函数返回类型为 void 类型，函数名为 delay，不带形参。但是可以发现这个函数有一些问题，如果需要延时的时间不是 1 s，那么是否需要另外再编写一个函数呢？答案是否定的。只要将这个函数略微修改下，就能使这个函数的适应性更强。修改后的程序如下：

```
void ms_delay(int time)
{
   int i, j;
   for(i=time; i>0; i--)
      for(j=125; j>0; j--);
}
```

因此，如果需要调整延时时间，则只需要修改 ms_delay 函数中的 time 参数即可。通过上例可以看出，函数使编程更加轻松、高效，代码也更加简洁，条理性更强。

3.5.2 函数的调用

1. 函数参数

函数的参数分为实参和形参两种。形参出现在函数定义中，只在定义函数的函数体内部有效。实参出现在函数调用中，不能再在被调用函数中使用。在进行参数传递时，把实参的值传递给形参。

【例 3-7】 通过函数调用，实现两数相加的功能。

```
int add(int a, int b)
{
   return a+b;
}
void main()
{
   int a, b, sum;
   ⋮
   sum=add(a, b);
}
```

分析如下：

(1) 在这段代码中，定义了一个函数 add，add( )函数中的 a 和 b 为形参。

(2) 主函数 main 中，也定义了一个叫做 a、b 的局部变量，这时虽然变量名仍然是 a、b，但是这里的 a、b 是实参。和 add( )函数中的 a、b 是不一样的，作用范围也不同，这点一定要注意。

2. 函数调用

在主调程序中，将函数作为一条语句的调用方式称为函数调用。如例 3-7 中的“sum=add(a, b);”，就是函数调用。

3. 函数返回值

函数调用完毕后，可以带返回值，也可以不带返回值。在实际应用中，如果函数带返回值，则可以将这个函数作为表达式中的一个部分出现在表达式中，函数的返回值可以直接参与运算。值得注意的是，用来接收函数返回值的变量类型要保持和定义函数时返回值的类型一致，否则程序可能会出错。

【例3-8】 编写一个函数，找出三个不相同的数a、b、c中的最大数。

```
int max(int a, int b)
{
  if(a>b)
    return a;
  else
    return b;
}
void main()
{
  int a, b, c, vmax;
  a=1; b=2; c=3;
  vmax=max(max(a, b), c);
}
```

在main()函数中，max()函数被调用了两次，首先调用max(a，b)，求解出a、b中较大的一个，然后将调用的返回值作为实参，再次调用max(max(a，b)，c)。

3.5.3 常用库函数

C51语言编译器提供的标准库函数可以直接供用户使用，使用这些函数可以减少代码的编写，提高编程效率。

C51的库函数分为10个基本类，分属10个".h"头文件。分别为：寄存器定义库reg51.h、字符函数库ctype.h、字符串函数库string.h、标准I/O函数库stdio.h、数学函数库math.h、标准函数库stdlib.h、内部库函数intrins.h、变量参数表库stdarg.h、绝对地址访问库absacc.h、全程跳转库setjmp.h。这些头文件在C51安装目录的INC子目录下均可被找到。

1. 寄存器定义库reg51.h

在reg51.h的头文件中定义了MCS-51系列单片机的所有特殊功能寄存器和相应的位，都用大写字母进行定义。当程序包含寄存器定义库reg51.h头文件后，在程序中就可以直接使用MCS-51系列单片机中的特殊功能寄存器和相应的位。例如：

```
sfr P1=0x80;
sfr IE=0xA8;
sbit EA=0xAF;
```

sfr P1=0x80表示P1口所对应的特殊功能寄存器P1在内存中的地址为0x80，sbit EA=0xAF表示EA这一位的地址为0xAF。

2. 字符函数库ctype.h

ctype.h头文件中主要包括字符函数原型的声明和数据类型的转换函数。

1) isalpha函数

isalpha函数主要用于检查字符是否为英文字母。其函数调用方法如下：

```
bit isalpha(char c)
```

其中，c为待判断字符。如果c是英文字母，则返回bit类型1；否则返回bit类型0。除此以外，还有islower()、isupper()函数等，用于判定字符是大写字母还是小写字母。

2) isalnum函数

isalnum函数主要用于检查字符是否为数字。其函数调用方法如下：

```
bit isalnum(char c)
```

其中，c为待判断字符。如果c是数字，则返回bit类型1；否则返回bit类型0。

3) isdigit函数

isdigit函数主要用于检查字符是否为十进制数。其函数调用方法如下：

```
bit isdigit(char c)
```

其中，c为待判断字符。如果c是十进制数，则返回bit类型1；否则返回bit类型0。除此以外，还有isxdigit()函数等，用于判定字符是否是十六进制。

4) toint函数

toint函数主要用于将待转换字符转化成十六进制的表现形式。其函数调用方法如下：

```
char toint(char c)
```

其中，c为待转换字符。该函数能将c转换成0～9、A～Z十六进制的表现形式。对于字符0～9，返回值为0H～9H，对于字符A～Z，返回值为0A～0F。

5) tolower函数

tolower函数主要用于将大写字母转换成小写字母。其函数调用方法如下：

```
char tolower(char c)
```

其中，c为待转换字符。如果c不在A～Z，则该函数不起作用。与此函数类似的还有toupper()函数，用于将小写字母转换成大写字母。

3. 字符串函数库string.h

string.h头文件中包括字符串和缓存操作函数的外部函数声明，定义了NULL常量。

1) memchr函数

memchr函数主要用于在字符串中顺序查找字符。其函数调用方法如下：

```
void * memchr(void * s1, char val, int len)
```

其中，s1为输入字符串，val为待查找字符，len为查找范围。该函数功能是：在字符串s1中顺序搜索len个字符，查找val。如果查找成功，则返回s1中指向val的指针；如果失败，则返回NULL。

2) memcmp函数

memcmp函数主要用于比较两个字符串的大小。其函数调用方法如下：

```
char memcmp(void * s1, void * s2, int len)
```

其中，s1和s2为待比较字符串，len为比较长度。该函数功能是：逐个比较s1和s2的前len个字符。若s1=s2，则返回0；若s1>s2，则返回一个整数；若s1<s2，则返回一个负数；若s1、s2的长度小于len，则可能得到一个错误的结果。因此，在使用memcmp函数时，要确保len不能超过最短字符串的长度。

3）memcpy 函数

memcpy 函数主要用于复制指定长度的字符串。其函数调用方法如下：

```
void memcpy(void * dest, void * scr, int len)
```

其中，scr 为源字符串，dest 为目标字符串，len 为复制长度。该函数功能是：从 scr 指向的字符串中复制 len 个字符到 dest 字符串中，返回值为指向 dest 中最后一个字符的指针。

4. 标准 I/O 函数库 stdio.h

stdio.h 头文件中包含输入输出的原型函数的外部函数声明，定义了 EOF 等常量。C51 库函数中包含的 I/O 函数库 stdio.h 是通过 MCS-51 的串行口工作的，所以在使用 stdio.h 头文件中的函数之前，需要先对串口进行初始化。

例如，以 24 000 波特率(时钟频率为 12 MHz)进行串口通信，初始化程序如下：

```
SCON=0X52;
TMOD=0X20;
TH1=0X3F;
TR1=1;
```

1）getchar 函数

getchar 函数主要用于从串口读入一个字符并输出该字符。其函数调用方法如下：

```
char getchar(void)
```

2）gets 函数

gets 函数主要用于从串口读入一个字符串。其函数调用方法如下：

```
char * gets(char * s, int n)
```

其中，s 用于保存读入的字符串，n 为字符串的长度。该函数功能是：使用 gets 函数从串口读入一个长度为 n 的字符串，并存入字符数组 s 中。如遇到换行符，则结束字符输入。若读入成功，则返回传入的参数指针；否则返回 NULL。

3）ungetchar 函数

ungetchar 函数主要用于将输入字符回送到输入缓冲区。其函数调用方法如下：

```
char ungetchar(char c)
```

其中，c 为输入字符。该函数功能是：将输入的 c 字符回送到输入缓冲区。如果成功，则返回 c 的值；否则返回 EOF。

4）putchar 函数

putchar 函数用于通过 MCS-51 系列单片机的串口输出字符。其函数调用方法如下：

```
char putchar(char c)
```

其中，c 为通过 51 单片机串口输出的字符。

5. 数学函数库 math.h

math.h 头文件中包含算术函数和浮点运算函数的外部函数声明。

1）abs 函数

abs 函数主要用于计算数据的绝对值。按照其操作数据类型不同，主要有以下几种调用方法：

```
int abs(int flag)
char cabs(char flag)
float fabs(float flag)
long labs(long flag)
```

其中，flag为待求解数据。以上四个函数功能是：主要用于计算整型、字符型、浮点型、长整型数据的绝对值。

2）三角函数

三角函数主要用于计算数学中的三角函数值。主要有以下几种调用方法：

```
float sin(float x)
float cos(float x)
float tan(float x)
float asin(float x)
float acos(float x)
float atan(float x)
```

3）取整函数

取整函数主要用于取输入数据的整数值。主要有以下两种调用方法：

```
float ceil(float x)
float floor(float x)
```

其中，x为输入数据。ceil函数功能是：计算并返回一个不小于x的最小正整数；floor函数功能是：计算并返回一个不大于x的最大正整数。两个函数的返回值都作为float类型使用。

6. 标准函数库stdlib.h

stdlib.h头文件中包含数据类型转换和存储器定位函数的外部声明。

1）字符串转换函数

字符串转换函数主要用于将字符串转换成数值类型并输出。主要有以下几种调用方法：

```
float atoi(char *s)
float atol(char *s)
float atof(char *s)
```

其中，s为待转换字符串，利用上述三个函数可以将s分别转换成整型、长整型、浮点型数据。

2）随机函数

随机函数主要用于产生随机数。主要有以下两种调用方法：

```
int rand()
void srand(int n)
```

其中，rand函数的功能是返回一个0～32 767的伪随机数。而srand函数主要用来初始化随机数发生器的随机种子。如果不适用srand函数，则对rand函数进行调用，每次都会产生相同的随机数序列。

3）calloc 函数

calloc 函数主要用于为 n 个元素的数组分配内存空间。其函数调用方法如下：

```
void * calloc(unsigned int n, unsigned int size)
```

其中，n 为数组元素的个数，size 为数组中每个元素的大小。该函数功能是：将所分配的内存区域用 0 进行初始化。若成功，则返回已分配内存单元的起始地址；否则返回 0。

4）free 函数

free 函数主要用于释放已分配的内存空间。其函数调用方法如下：

```
void free(void xdata * p)
```

其中，指针 p 指向待释放的内存区域。p 必须是用 calloc 等函数分配的内存区域，否则该函数无效。

7. 内部库函数 intrins. h

intrins. h 头文件中包含可控编译器直接生成插入代码的内部函数的外部声明。这些内部函数不产生指令就能调用函数，因此代码量小、效率更高。

1）循环左移函数

循环左移函数主要用于将数据按照二进制形式循环左移 n 位。其函数调用方法如下：

```
unsigned char _crol_(unsigned char v, unsigned char n)
```

其中，v 为待移位的变量，n 为循环移位的位数。

2）循环右移函数

循环右移函数主要用于将数据按照二进制形式循环右移 n 位，其函数调用方法如下：

```
unsigned char _cror_(unsigned char v, unsigned char n)
```

其中，v 为待移位的变量，n 为循环移位的位数。

8. 变量参数表库 stdarg. h

stdarg. h 头文件中定义了访问函数参数的宏，还定义了保持函数调用参数的 va_list 数据类型。C51 编译器允许函数的参数个数和类型是可变的，可使用简略形式“…”，这时参数表的长度和参数的数据类型在定义时是未知的。

在定义具有可变参数的函数时，必须声明一个 va_list 类型的指数，用 va_start 将该指针初始化为指向该参数表，用 va_arg 访问表中不同类型的参数，对参数访问结束后，用 va_end关闭参数表。

1）va_start(ap，v)宏

当用在一个具有可变长度的函数中时，宏 va_start 可以初始化 ap 参数，va_arg 和 va_end宏所使用的参数 v 必须直接位于省略号所指定的初选参数函数的参数名后。在使用 va_arg进行存取前，必须调用该函数来初始化可变参数列表。

2）va_arg(ap，type)宏

va_arg 宏主要用于从 ap 指向的可变长度参数表中检索 type 类型的值。

3）va_end(ap)宏

va_end 宏主要用于终止在 va_start 宏中已被初始化的可变长度参数的指针 ap，关闭参数表，结束对可变参数表的访问。

9. 绝对地址访问库 absacc.h

absacc.h 头文件中定义允许直接访问 MCS-51 单片机不同区域存储器的宏。

1）CBYTE 宏

CBYTE 宏允许访问 MCS-51 单片机程序存储器中的字节。例如：

Rval=CBYTE[0x0002]

调用该语句可以从程序存储器地址 0002H 中读取内容。

2）CWORD 宏

CWORD 宏允许访问 MCS-51 单片机程序存储器中的字节。例如：

Rval=CWORD[0x0002]

调用该语句可以从程序存储器地址 0004H 中读取内容，地址计算 2 * sizeof(unsigned int)。

3）DBYTE 宏

DBYTE 宏允许访问 MCS-51 单片机片内 RAM 中的字节。例如，Rval=DBYTE[0x0002]，调用该语句可以从片内 RAM 地址 0002H 中读取内容。

10. 全程跳转库 setjmp.h

setjmp.h 头文件中定义了用于 setjmp 和 longjmp 程序的 jmp_buf 类型和 setjmp 和 longjmp 函数的外部函数声明。

1）jmp_buf

jmp_buf 用于 setjmp 和 longjmp 中保护和恢复程序环境。jmp_buf 类型定义如下：

```
#define _JBLEN 7
Typedef char jmp[_JBLEN]
```

2）longjmp（长调转）

longjmp 用于跳转到保存堆栈环境的地方。

3）setjmp（设置长跳转的返回点）

setjmp 用于保存调用者的堆栈环境。

setjmp 和 longjmp 这两个函数的使用是有顺序性的，一定要先调用 setjmp 来存储环境变量，再通过 longjmp 来恢复环境变量。

3.6 指针与数组

3.1 节介绍了基本数据类型，本节介绍另外两种比较复杂的数据类型——数组和指针。

3.6.1 指针

指针类型数据保存的是变量在内存中的存放地址，是一种特殊的数据类型。根据指针所指示的变量类型不同，可以分为整型指针、字符型指针等多种。指针的定义格式如下：

```
数据类型 *变量标识符
```

例如：

```
int *i;        //整型指针
char *c;       //字符型指针
float *f;      //浮点型指针
```

例如：

```
void main()
{
  char *c;
  char c1='A';
  c=&c1;
}
```

首先给字符型变量 c1 赋值 A，然后将 c1 的内存地址赋给字符型指针变量 c，这样 c 就指向了 c1 所在内存单元。

抽象指针(Abstract Pointer)是指不明确所指对象类型和对象位于的存储空间的指针。这类指针一般用来产生绝对调用或用来访问某存储区域的任意绝对地址。

例如，把抽象指针指向的存储单元内容赋给一个变量。

```
char c;
c=*((charxdata *)0xff00);
 *((unsigned char xdata *)0x4000)=0x30;
```

*((char xdata *)0xff00)是一个抽象指针，被强制类型转化为指向 xdata 区的 char 类型，绝对访问 xdata 区的地址为 0xff00，再把它的对象赋给 c。(unsigned char xdata *)0x4000 也是一个抽象指针，被强制类型转化为指向 xdata 区的 char xdata 类型，指向绝对地址 4000H 的赋值语句把常数 03H 写入 4000H 存储单元。

3.6.2　数组

1. 数组定义

前面所介绍的基本数据类型的变量，每个变量只能拥有一个独立的值。比如，需要记录一个班 30 个学生的数学成绩，如果使用基本数据类型，就需要定义 30 个变量，赋 30 个分数值；如果使用数组，则将会大大简化操作。

数组是指在内存中顺序存储的、具有相同数据类型的数据的集合。数组定义的一般形式为：

数组类型 数组名[常量表达式 1]，[常量表达式 2]，…[常量表达式 n]

说明：

(1) 数组中所有的数组元素在内存中占用连续的地址空间。

(2) 数组名的命名规则和变量名、函数名的命名规则相同，不能使用系统关键字，在其作用域内必须唯一。

(3) 若只包含一个常量表达式，如 int a[5]，则定义的是一个一维数组；若包含两个常量表达式，如 int a[3][3]，则定义的是一个二维数组；若包含多个常量表达式，则需定义一个多维数组。

2. 数组元素处理

定义一个数组 int a[5]，那么数组中就具有了5个数组元素：a[0]、a[1]、a[2]、a[3]、a[4]。对数组元素引用形式如下：

数组名 [下标]

其中，出现在下标位置的可以是数值常量，也可以是变量。数组元素下标的范围是 0～(size－1)。

定义一个数组的同时，还需要对每个数组元素进行初始化赋值。数组元素的整体赋值方法如下：

数组类型 数组名 [常量表达式 1]，[常量表达式 2]，…[常量表达式 n]

例如：

```
unsigned char led[4]={0x01, 0x02, 0x04, 0x08};   //一维数组赋值
int key[2][3]={{1, 2, 4}, {2, 2, 1}};            //定义二维数组
unsigned char str[]={3, 5, 2};                   //未指明数组长度，编译器自动设置
unsigned char code sdata[]={0x02, 0x34, 0x22, 0x32, 0x21, 0x12};  //数据保存在 code 区
```

对于固定大小的数组，在定义并为数组赋初值时，初值的个数必须小于或等于数组的大小。不指定数组大小则会在编译时按实际的初值个数自动设置数组大小。

【例 3－9】 使用冒泡排序法对数组中包含的10个数组元素进行升序排序。

冒泡排序(Bubble Sort)的算法原理是：依次比较相邻的两个数，将小数放在前面，大数放在后面。

第一趟：首先比较第1个和第2个数，将小数放前，大数放后。然后比较第2个数和第3个数，将小数放前，大数放后，如此继续，直至比较到最后两个数，将小数放前，大数放后。至此第一趟结束，将最大的数放到了最后。

第二趟：仍从第一对数开始比较(因为可能由于第2个数和第3个数的交换，使得第1个数不再小于第2个数)，将小数放前，大数放后，一直比较到倒数第2个数(倒数第1的位置上已经是最大的数)，第二趟结束，在倒数第2的位置上得到一个新的最大数(其实在整个数列中是第2大的数)。

如此反复，重复以上过程，直至最终完成排序。

程序代码：

```
main()
{
  int i, j, temp;
  int a[10]={9, 8, 7, 6, 5, 4, 3, 2, 1, 0};
  for(j=0; j<=9; j++)
  {
    for (i=0; i<10-j; i++)
    if (a[i]>a[i+1])
    {
      temp=a[i];
        a[i]=a[i+1];
```

```
            a[i+1]=temp;
          }
        }
      }
```

程序执行完毕后，数组中的数组元素重新进行升序排序，变成 0，1，2，3，4，5，6，7，8，9。

本章小结

本章主要介绍了 C51 语言中涉及的基本数据类型、运算符和表达式、程序控制结构、函数、数组和指针的相关内容。熟练掌握本章节内容，对后续编程设计有很大的帮助。

习　题

1. 当 C51 声明变量只有数据类型没有存储器类型时，C51 编译器默认使用什么存储器类型？

2. 若程序开头使用 #pragma 行控制命令显式声明存储模式为 small，后续声明 C51 变量时，若只有数据类型没有存储器类型，则 C51 编译器默认使用什么存储器类型？

3. 在 C51 语言中，把 P1.1 对应的位变量取名为 P1.1 可以吗？如果不可以，请说明原因。

4. 存储模式有哪几种？它们的特点是什么？

第4章 Proteus和Keil C软件简介

4.1 Proteus环境

Proteus是英国Labcenter Electronic公司开发的一款单片机电路设计与仿真软件。Proteus软件具有模拟电路仿真、数字电路仿真、单片机与外围电路系统仿真等功能，真正实现了在计算机上完成从原理图绘制、电路仿真、系统测试到PCB的完整设计过程。该软件使用简单、功能强大、结果直观，是单片机初始学习阶段非常有用的一款辅助软件。

Proteus软件具有如下特点：

(1) 具有强大的电路原理图绘制功能。

(2) 能对模拟电路以及数字电路进行仿真。

(3) 能够对C51系列、AVR系列、MSP430系列等多种型号单片机进行仿真。

(4) 提供了各种信号源及丰富的虚拟仪器，如电压源、电流源、电压表、电流表、示波器等，能对电路原理图进行虚拟测试。通过提供与示波器相似的图形显示功能，可将仿真电路中变化的信号以图形方式实时显示出来。

(5) 提供了丰富的元件库，如各种可编程的外围接口芯片、数码管、时钟芯片、A/D转换芯片、D/A转换芯片、时钟芯片、SPI总线、I^2C总线等，可以直接对各种型号的单片机进行外围电路仿真。

(6) 通过第三方接口软件，如Keil C51、MPLAB等，可以把调试完毕的程序代码装载入单片机的ROM存储器中，直接投入运行。

当然，Proteus只能进行理想状态下的仿真，还不能完全准确地模拟真正的硬件电路。所以，在单片机系统的开发过程中，一般先在Proteus环境下画出系统的硬件电路图，然后在Keil C51环境下编译程序，最后在Proteus下调试运行结果。

Proteus由ISIS(Intelligent Schematic System)和ARES(Advanced Routing and Editing Software)两款软件构成。其中，ISIS主要完成智能原理图的绘制和仿真；ARES主要完成高级布线，用于PCB制作。下面主要介绍ISIS软件的使用。

4.1.1 ISIS的环境简介

在计算机上安装好Proteus软件后，就可以启动运行Proteus ISIS。启动运行后，进入ISIS主窗口界面。

ISIS完全采用Windows系统下“所见即所得”的设计理念。其主窗口界面包括标题栏、菜单栏、工具栏(包括命令工具栏和模式选择工具栏)、状态栏、方位控制按钮、仿真控制按钮、对象选择窗口、编辑窗口和预览窗口等，如图4-1所示。通过“查看”菜单下的“工具条”命令，可以将ISIS的标准工具栏设置成显示状态，也可以设置成隐藏状态。

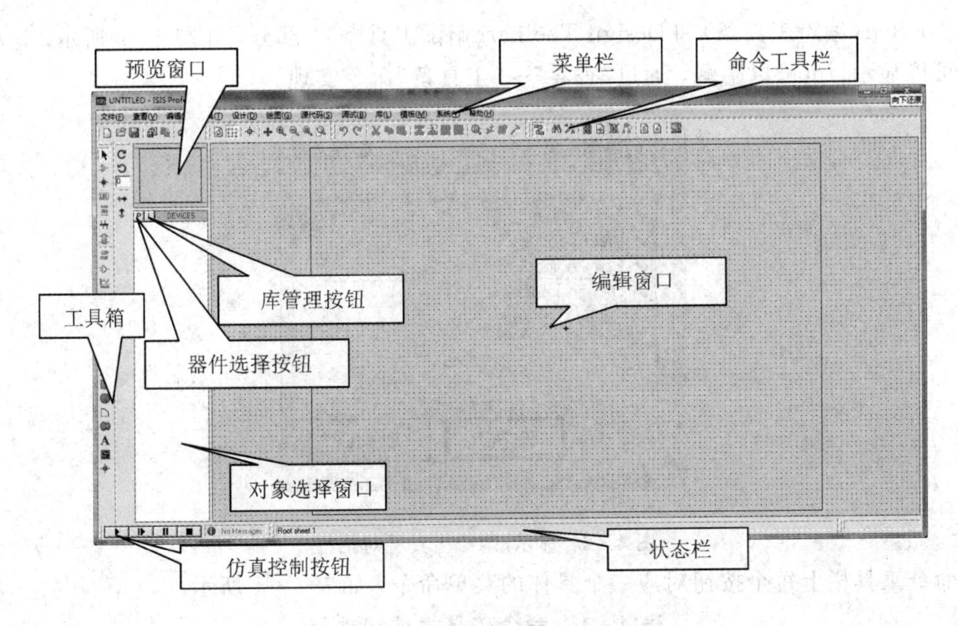

图 4-1 ISIS 界面介绍

1. 菜单栏

ISIS 主要包括 12 个菜单项，每个菜单项都有下一级菜单：

(1) File(文件)：包括新建、保存、导入、导出、打印等操作。

(2) View(查看)：主要完成对编辑窗口的定位、栅格的调整及图形的缩放等操作。

(3) Edit(编辑)：主要完成对编辑窗口中元器件的剪切、复制、粘贴等操作。

(4) Tools(工具)：具有实时标注、自动布线、全局标注、导入 ASCII 文本数据、电气规则检查、将网络导入 PCB、从 PCB 返回原理图设计等功能。

(5) Design(设计)：具有编辑设计属性、编辑面板属性、配置电源线、完成原理图之间的转换等功能。

(6) Graph(绘图)：具有编辑仿真图形、查看日志、导出数据、清除数据、图形一致性分析、批处理模式一致性分析等功能。

(7) Source(源代码)：主要完成添加/移除源文件、设置编译、设置外部文件编辑器和编译等操作。

(8) Debug(调试)：具有调试、断点设置、运行等功能。

(9) Library(库)：具有选择元器件/符号、制作元器件、封装工具、分解元器件、编译到库、验证封装、库管理等功能。

(10) Template(模板)：具有设置图形格式、文本格式、元器件外观特征、连接点样式等功能。

(11) System(系统)：主要完成 ISIS 编辑环境的配置操作。

(12) Help(帮助)：主要包含系统信息、ISIS 教程文件和 Proteus VSM 帮助文件等命令。

2. 命令工具栏

ISIS 标准工具栏主要包括 File Toolbar(文本工具条)、View Toolbar(查看工具条)、

Edit Toolbar(编辑工具条)和 Design Toolbar(调试工具条)4 部分，如图 4-2 所示。这些工具栏可以显示，也可以隐藏，通过“查看”→“工具条”命令实现。

图 4-2　显示/隐藏工具栏对话框

命令工具栏上每个按钮对应一个具体的菜单命令，如表 4-1 所示。

表 4-1　命令工具栏按钮功能

名称	按　钮	功　能
File Toolbar		新建设计
		打开设计
		保存设计
		导入部分图
		导出部分图
		打印
		区域设置
View Toolbar		刷新
		网格
		原点
		平移
		放大
		缩小
		全放大
		放大区域

续表

名称	按钮	功能
Edit Toolbar		撤销
		恢复
		剪切
		复制
		粘贴
		复制粘贴选中对象
		移动选中对象
		旋转/镜像选中对象
		删除选中对象
Library Toolbar		从元件库中选择元器件/符号
		制作封装元器件
		封装工具
		分解元器件
Tool Toolbar		自动布线开关
		搜索
		属性分配工具
		生成电气规则检查报告
		网格表转换成 ARES 文件
Design Toolbar		浏览
		新建原理图
		删除原理图

3. 预览窗口

预览窗口主要包含两个部分的功能：

(1) 对象选择窗口：对象选择窗口用来选择元器件、终端、仪表等对象。例如，在工具箱中选中、、、等对象时，在预览窗口中就会显示该对象的符号。该窗口中包含两个按钮："P"为器件选择按钮，"L"为库管理按钮。如图 4-3 所示，图中显示了 80C51 单片机、段式数码管、按钮、电阻等元件。

(2) 显示缩略图：当光标作用于编辑区域时，会在预览窗口中显示整张原理图的缩略图，并显示一个绿色的方框，绿色方框中的内容就是当前原理图编辑窗口中显示的内容，按住鼠标右键不松开，然后移动鼠标即可改变绿色方框的位置，从而改变原理图的可视范围。在预览窗口中单击任何位置，将会以单击位置为中心刷新原理图编辑窗口。预览窗口如图 4-4 所示。

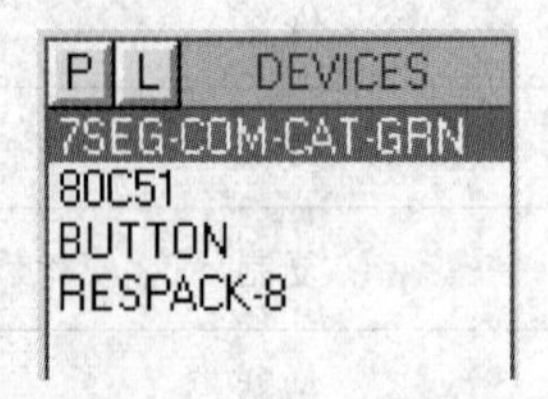

图 4-3　对象选择窗口

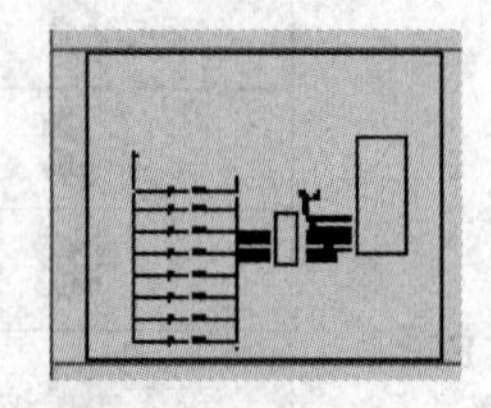

图 4-4　预览窗口

4. 工具箱

ISIS 提供了许多可供选择的工具，这些工具在进行原理图绘制时起着举足轻重的作用，选择相应的工具箱图表按钮，系统将提供不同的操作工具，对象选择器根据不同的工具箱图表决定当前状态显示的内容。显示对象的类型包括元器件、终端、引脚、图形符号、图表等。工具箱中的图标样式及对应功能如表 4-2 所示。

表 4-2　Proteus 工具箱及相关功能

类　别	图标样式	功　能
主模式图标		编辑选择
		选择元器件
		放置连接点
	LBL	放置和编辑连线标签
		编辑文本
		绘制总线
		放置电路框图或元器件
部件图标		输入、输出、电源终端
		选择元件引脚
		仿真分析图标
		分割仿真原理电路
		数字和模拟激励源（如正弦激励源、时钟信号源）
	V	电压探针（记录数字或模拟电压值）
	I	电流探针（记录模拟电流值）
		虚拟仪器（如示波器、定时/计数器）

续表

类　别	图标样式	功　能
2D 图形工具		画线工具
		画方框工具
		画圆工具
		画弧线工具
		画多边形工具
	A	文本样式编辑工具
	S	从符号库中选择符号元器件
		标记图标

5. 编辑窗口

编辑窗口主要用于放置元器件、进行布线、绘制原理图。编辑窗口中蓝色方框内的区域为编辑区，电路的设计必须在此区域中完成。编辑窗口不设滚动条，用户通过单击预览窗口，拖动鼠标移动预览窗口中的绿色方框即可改变可视区域。

工具栏中主要包括以下几个与编辑窗口有关的功能按钮：

(1) 放大或缩小快捷键按钮。可采用工具栏中的放大快捷键按钮或缩小快捷键按钮把原理图放大或缩小，这两种操作都会使编辑窗口以当前鼠标位置为中心重新显示。

(2) 网格开关按钮。编辑窗口内的原理图的背景是否带有点状网格，可以通过主工具栏中的网格开关按钮来控制。点与点之间的间距由捕捉设置来决定。

(3) 捕捉网格按钮。当鼠标指针在编辑窗口内移动时，坐标值是以固定的步长增长的(默认初始设定值为 100)。捕捉的主要作用是把元器件按网格对齐。捕捉的尺度可通过“查看”菜单中的“snap”命令进行设置。

(4) 实时捕捉按钮。实时捕捉可以让用户完成引脚和导线的连接。当鼠标指针指向引脚末端或者导线时，鼠标指针将会捕捉到这些物体，将这种功能称为实时捕捉。

6. 仿真控制按钮

交互式电路仿真是 ISIS 的一个重要部分，用户通过电路仿真可以实时观测电路的各种输入输出状态。仿真控制按钮及其功能如表 4-3 所示。

表 4-3　仿真控制按钮及其功能

仿真控制按钮	功　能
	开始仿真
	单步仿真
	暂停或继续仿真
	终止仿真

4.1.2 原理图设计

原理图的设计是印刷电路板设计中的第一步，也是非常关键的一步。在 ISIS 中，鼠标的使用规则和传统鼠标操作有区别。具体表现如下：

(1) 右键单击：选中对象，选中的对象呈现出红色状态；再次单击，取消选择状态。

(2) 右键拖曳：框选一个区域中所有对象。

(3) 左键单击：放置对象或编辑对象属性。

(4) 左键拖曳：移动对象。

ISIS 原理图设计过程可以分为以下六个步骤：

(1) 新建文件，设置图纸参数。例如，确定所用的设计模板、设置图纸尺寸、样式参数等。

(2) 放置元器件。从模式选择工具栏中挑选所需的元器件，并将元器件放置到图纸的指定区域，必要时可修改元器件参数。

(3) 布线。将放置好的元器件首尾连接，必要时进行标号注释。

(4) 调整和修改。利用 ISIS 提供的电气检查命令对所绘原理图进行检查，并根据提供的错误报告修改原理图。

(5) 设置标题栏、说明文字和头块。在设计图中放置标题栏和说明文件来说明该电路的功能及作者、日期等信息。

(6) 保存运行。对修改的原理图进行存盘，以便在后继工作中使用。

下面结合一个简单的例子来介绍原理图的绘制过程。

【例 4-1】 绘制两位数码管导通原理图。

步骤一：新建设计文件，设置相应参数。

启动 ISIS，会自动打开一个空白文件，也可以根据系统提供的模板进行绘制，此时，执行“文件”→“新建设计”命令，从弹出的对话框中选择相应模板。本例中，我们选择默认的“DEFAULT”样式，如图 4-5 所示。

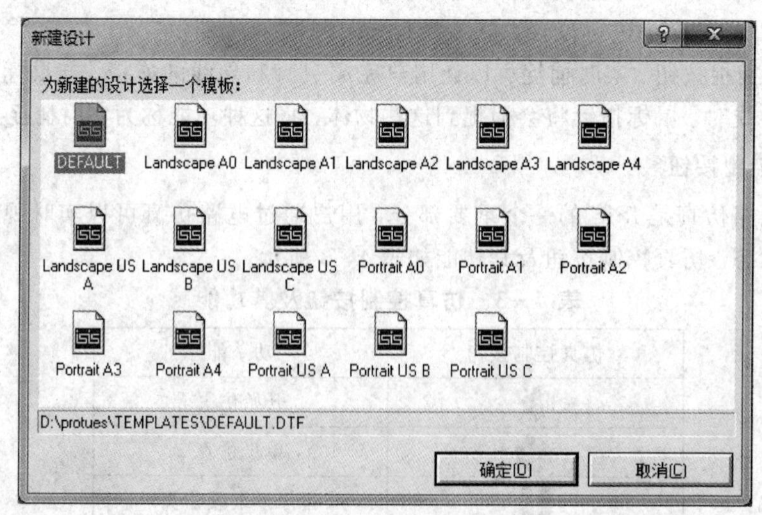

图 4-5 创建设计模板对话框

步骤二：放置元器件。

本例中，要确保两位数码管导通，所需的元器件有单片机、两个 LED 灯、电阻和按钮。元器件列表如表 4-4 所示。

表 4-4　元器件列表

元器件库名称	元器件名称
Microprocessor ICs	AT89C51
Optoelectronics	LED-YELLOW
Resistors	RES

按下对象选择窗口中的“P”按钮，挑选指定的元器件，所选元器件会出现在窗口下方的列表中。

选择列表中的元器件，并将这些元器件放置到编辑区的指定位置，如图 4-6 所示。如果元器件有误，右键双击该对象即可删除；或执行工具栏中的“撤销”按钮，重新进行恢复。

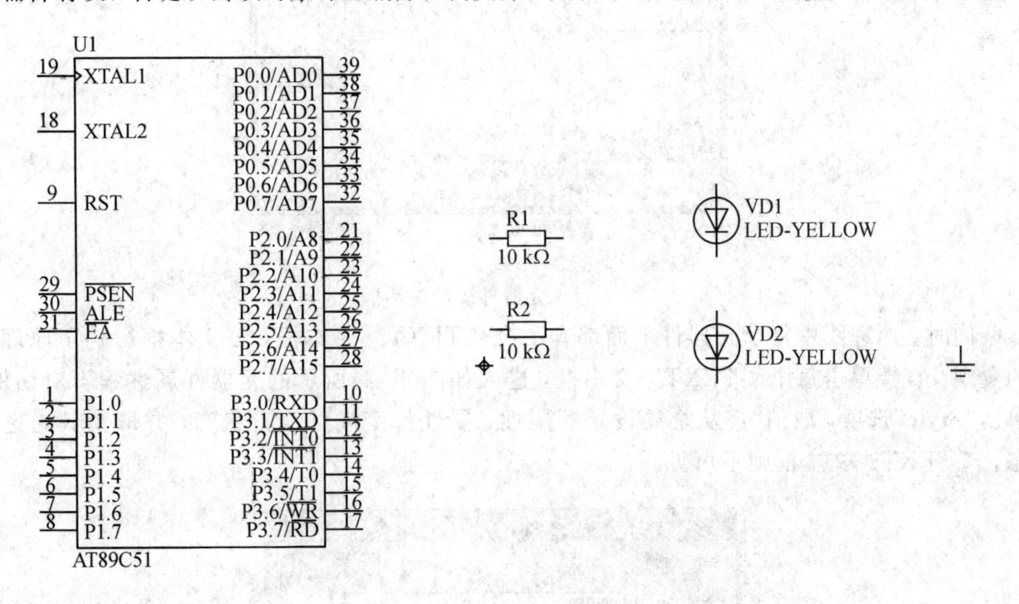

图 4-6　元器件放置

放置完元器件后，如果需要调整某些元器件的方位，则选中需要调整方位的元器件，鼠标右击，在弹出式菜单中会跳出相应的旋转项——“顺时针旋转”、“逆时针旋转”、“180 度旋转”、“X-镜像”、“Y-镜像”。如果需要调整某些元器件的位置，则选中需要调整位置的元器件，按住鼠标左键拖动到指定位置即可。

若要查看相关元器件的属性，则选中该元器件，鼠标右击，在弹出式菜单中选择“编辑属性”，即可弹出元器件属性对话框，如图 4-7 所示。在对话框中可以查看或修改相应的属性。

在元器件属性对话框中，可以看出元件参考、元件值、PCB 封装形式、时钟频率等属性参数。例如，80C51 默认的时钟频率为 12 MHz，LED 灯的前置电压为 2.2 V，电阻阻值为 10 kΩ。由于 C51 系列单片机的 I/O 端口每个引脚默认输出高电平(5 V)，如果想要使 LED 灯被点亮，则需要调整电阻阻值，电阻阻值设置为(5－2.2)V/10 mA＝280 Ω。

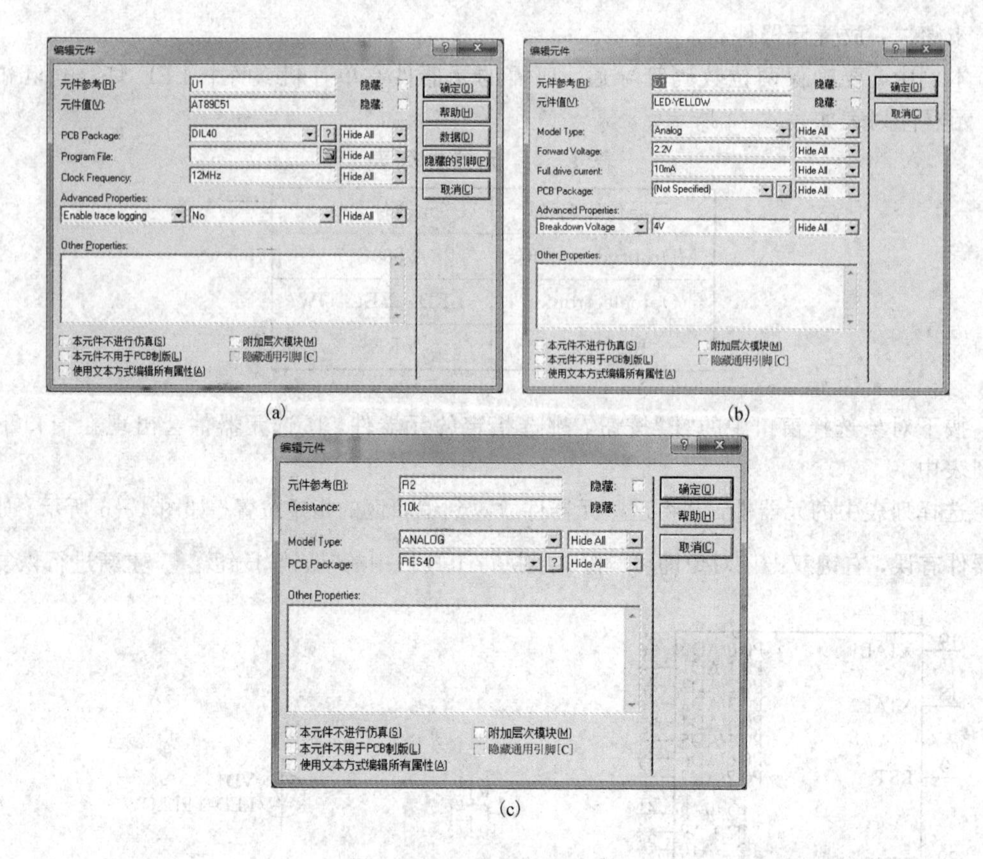

图 4-7　元器件属性对话框

同时，原理图中每个元器件下面都有一个<TEXT>文本框，该文本框影响了原理图的美观。直接单击每个<TEXT>文本框，进入如图 4-8 所示的元器件属性编辑对话框，单击“Style”选项，取消“遵从全局设定?”属性，属性将变成可编辑状态，并取消其勾选状态，<TEXT>文本框则不可见。

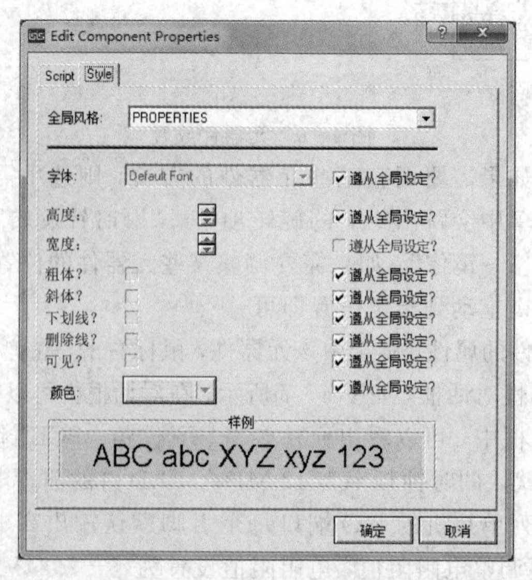

图 4-8　元器件属性编辑对话框

步骤三：布线。

(1) 绘制导线。

ISIS 为了节省用户连线的工作量，编辑时只要将鼠标定位于元器件的端点，就会自动进行连接线的绘制，并可以在希望设置拐点的位置处单击鼠标。若要取消两个连接点之间的连线，则将光标移到连线处，鼠标右击，选择“删除连线”，即可完成连线的删除。布线如图 4-9 所示。

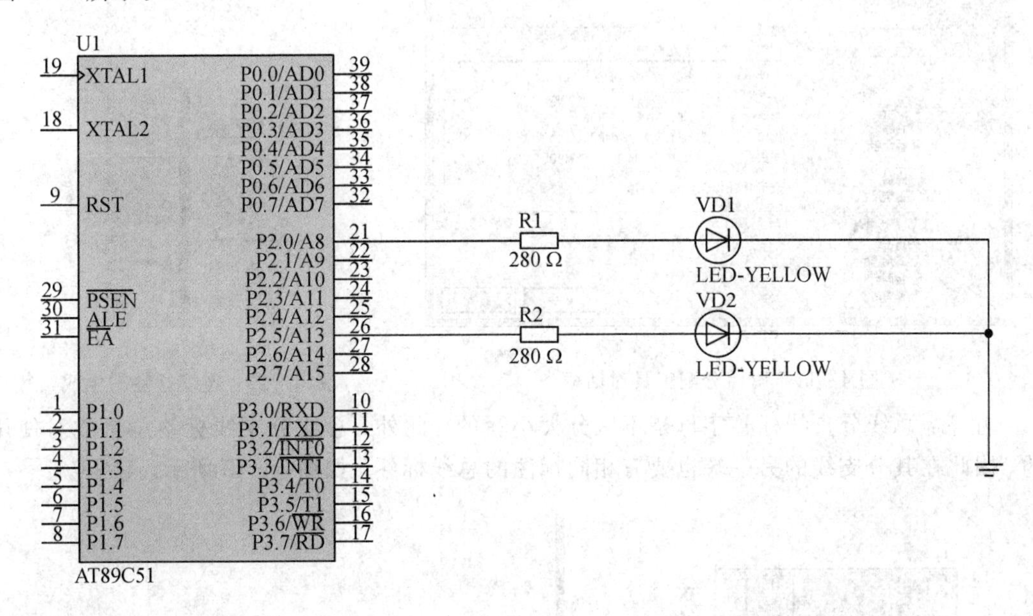

图 4-9　布线

(2) 绘制总线。

为了简化原理图，可以用一条蓝色粗导线代表数条并行的导线，也就是所谓的总线。选择工具箱中的图标，可在编辑窗口中绘制总线。

总线分支线是连接总线和元器件引脚的导线，通常采用与总线倾斜相连的方式来增加美观度。在自动连线状态下绘制总线分支线，只需要在拐点处单击鼠标，随意移动光标，导线就可以随意倾斜，到达合适位置后再单击鼠标即可结束总线绘制。在手动状态下绘制总线分支线，在拐点处需要按住 Ctrl 键才可以使导线倾斜。手动状态下绘制分支线如图 4-10 所示。

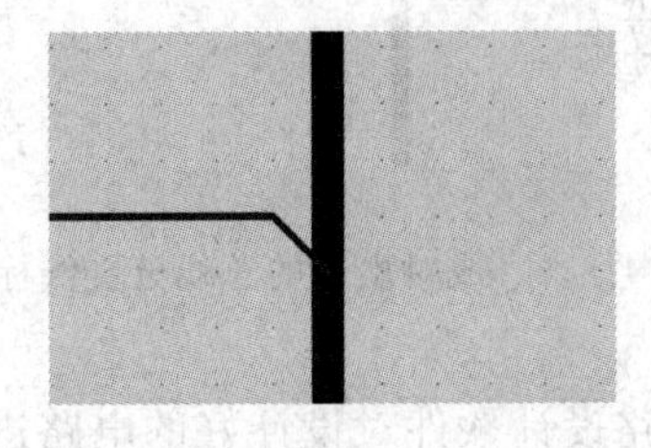

图 4-10　手动状态下绘制分支线

总线分支线绘制好后，需要给分支线添加总线标签，标签名字及标号可以自行给定。选择菜单“工具”→“属性设置工具”选项，或单击键盘上的字母键“A”，弹出属性分配工具对话框，在“字符串”文本框内输入“net＝a＃”，“＃”可由对话框中的“计数值”和“增量”选项决定的数列代替，如图4-11所示。单击“确定”按钮后，返回编辑主界面，将光标移动到待标注的分支线上，当鼠标变成手形标志后，连续单击各条分支线，就可以自动生成一组连续标签。如图4-12所示。

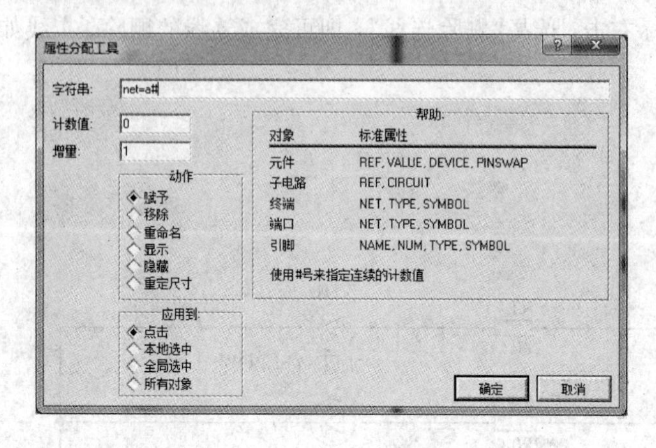

图4-11　属性分配工具对话框

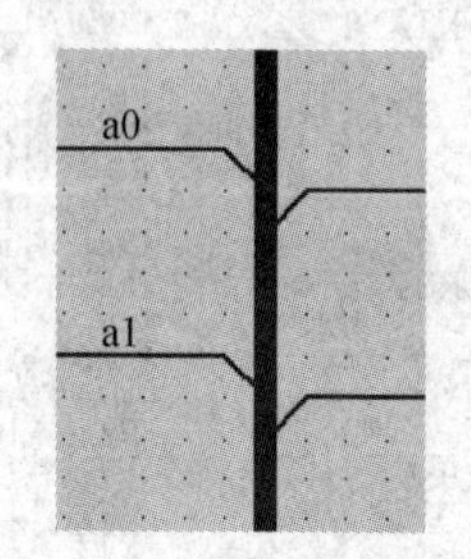

图4-12　连续标签的生成

注意：总线分支线标签字母是不区分大小写的。此外，总线分支线标签总是成对使用的，因此在其分支线的另一端也要有相同标注的总线标签。如图4-13所示。

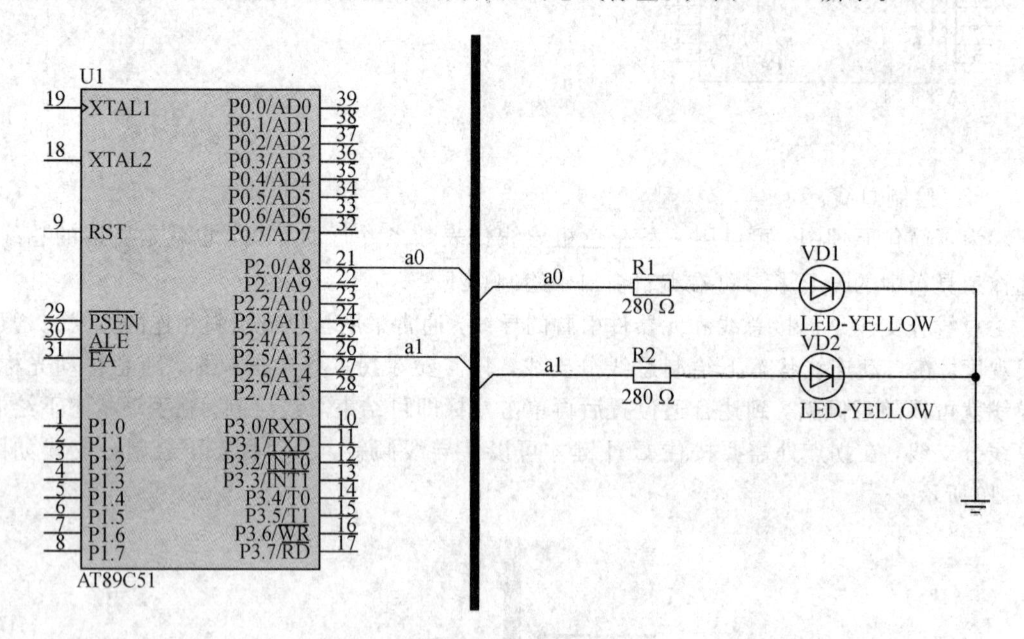

图4-13　成对出现的总线分支线标签

步骤四：电气规则检查。

电气规则检查是指利用电路设计软件对设计好的电路进行测试，以便检查出系统认为的错误或者疏忽，测试完成后，ISIS会自动生成错误报表。选择“工具”→“电气规则检查”命令。如图4-14所示。

步骤五：标题栏、说明文字和头块设置。

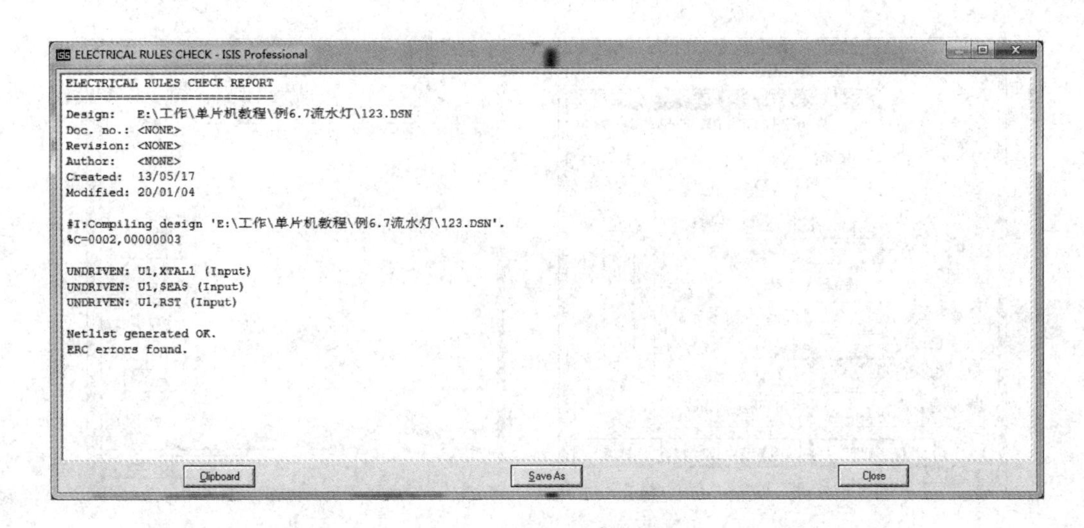

图 4-14　电气规则检查报表

单击 2D 图形工具栏中的A图标，在对象选择器中选择“MARKER”选项，弹出编辑全局图形风格对话框，在该对话框中进行风格选择、线条样式、填充样式等属性的设置。在编辑区的合适区域单击鼠标，弹出如图 4-15 所示的编辑 2D 图形文本对话框，在该对话框中设置标题文本、高度、样式等属性。

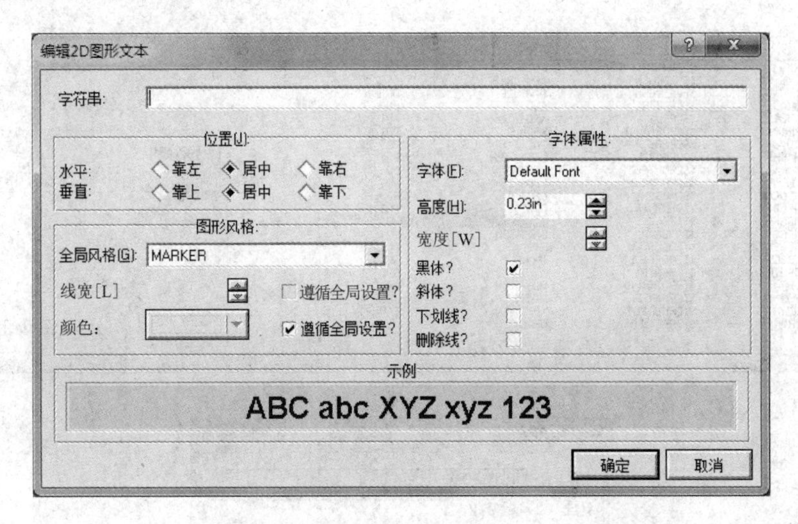

图 4-15　编辑 2D 图形文本对话框——标题设置

选择 2D 图形工具栏中的图标，在原理图中绘制出一个说明区域，选中该区域，单击鼠标左键，编辑说明区域属性(如区域高度、宽度、颜色等)，再选择主模式图标中的图标，在说明区域单击鼠标，在弹出的对话框中输入相应的说明文字。如图 4-16 所示。

通过设计头块，可以添加图名、作者、路径、版本号等。首先选择 2D 图形中的图标，在对象选择器中按下“P”按钮，在弹出的对话框中选择“SYSTEM”“HEADER”选项。然后执行“设计”→“编辑设计属性”命令。在弹出的对话框中，设置文件名称、题目、版本号等。最后，在编辑窗口的合适区域单击鼠标，即可设置头块。如图 4-17 所示。

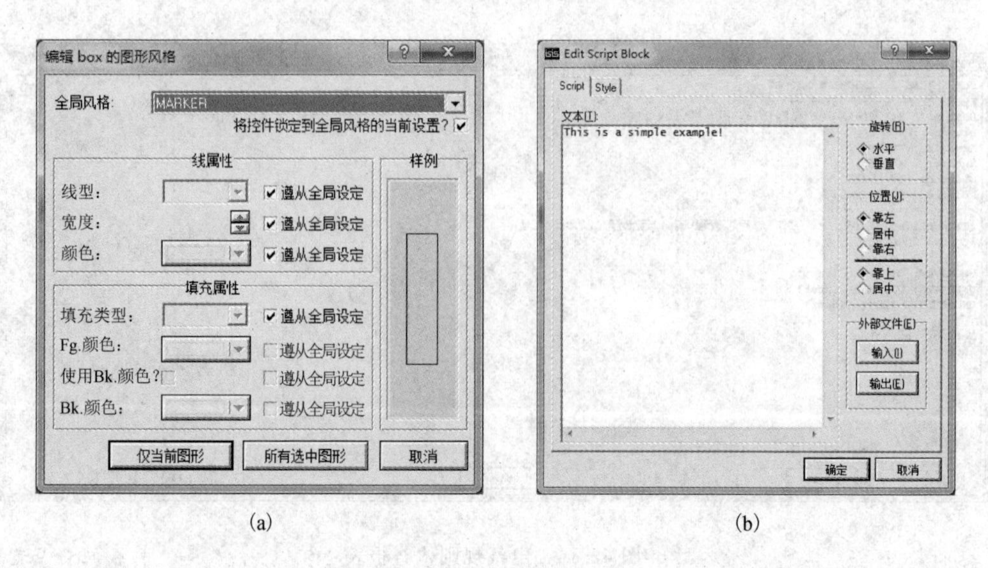

(a)　　　　　　　　　　　　(b)

图 4-16　说明文字设置

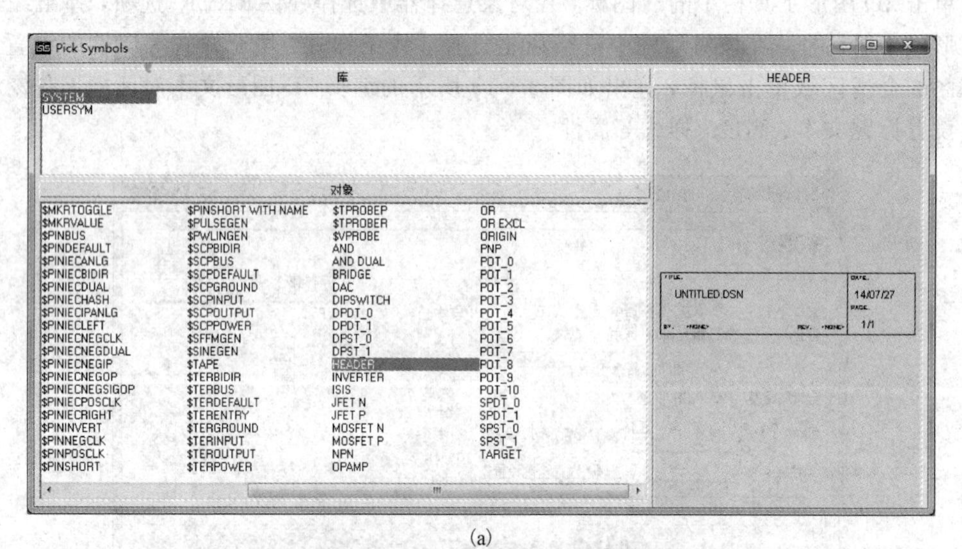

(a)

编辑设计属性

文件名称: UNTITLED.DSN

题目: my design

文档编号(D

版本:

作者: dasdas

新建: 2014年7月27日

更改: 2014年7月27日

选项

全局电源网络?

隐藏模型文件?

确定　取消

(b)

图 4-17　头块设置

步骤六：保存运行。

执行“文件”→“另存为”命令，将设计好的原理图以指定的文件名保存到指定路径下。执行“仿真控制”按钮中的相应命令进行运行。如图 4－18 所示。

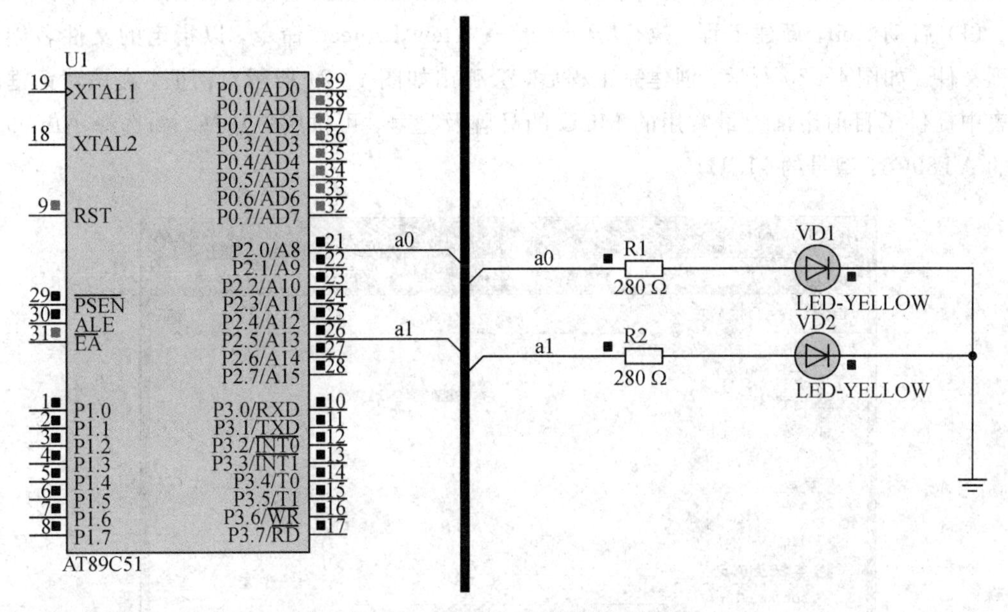

图 4－18　原理图仿真运行

4.2　Keil C51 环境

德国 Keil Software 公司推出的 Keil 是目前广泛用于 80C51 内核开发的平台之一。该平台集编辑、编译、仿真于一体，具有支持汇编和 C 语言两种程序设计语言，生成程序代码运行速度快，所需存储空间小等特点。

Keil μVision4 增加了许多与 C51 单片机硬件相关的编译特性，从而使得应用程序开发更为便捷。使用 Proteus 设计了原理图，再结合 Keil μVision4 软件，就可以搭建仿真平台。Keil 工作界面及各窗口标注如图 4－19 所示。

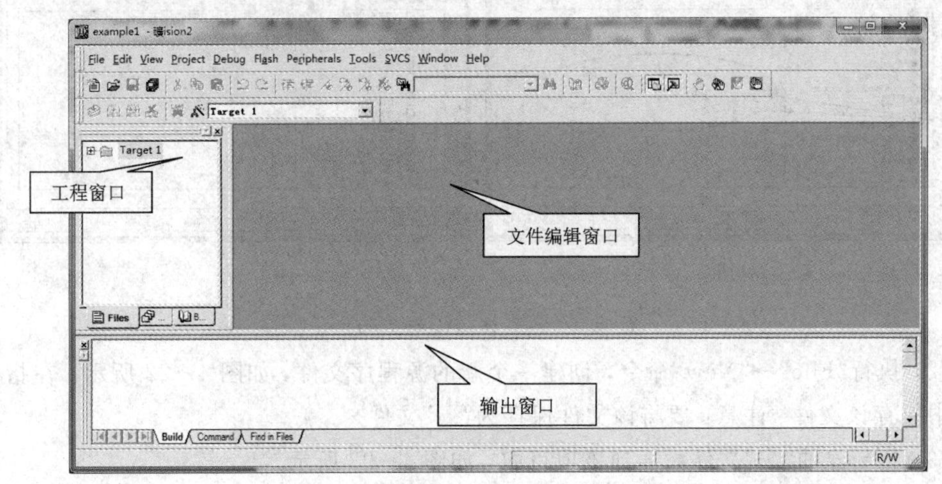

图 4－19　Keil 工作界面及各窗口标识

4.2.1 Keil 的配置

安装完 Keil μVision4 软件后，为了和 Proteus 结合，还需要完成以下配置工作：

(1) 启动 Keil，新建工程，执行“Project”→“New Project”命令，以指定的文件名创建工程文件，如图 4-20 所示。创建完工程后，会弹出如图 4-21 所示对话框，在该对话框的列表中提供了目前市面上最常用的 MCU 的品牌及型号，可供用户选择，如选择 Atmel 公司的 AT89C51 型号的 MCU。

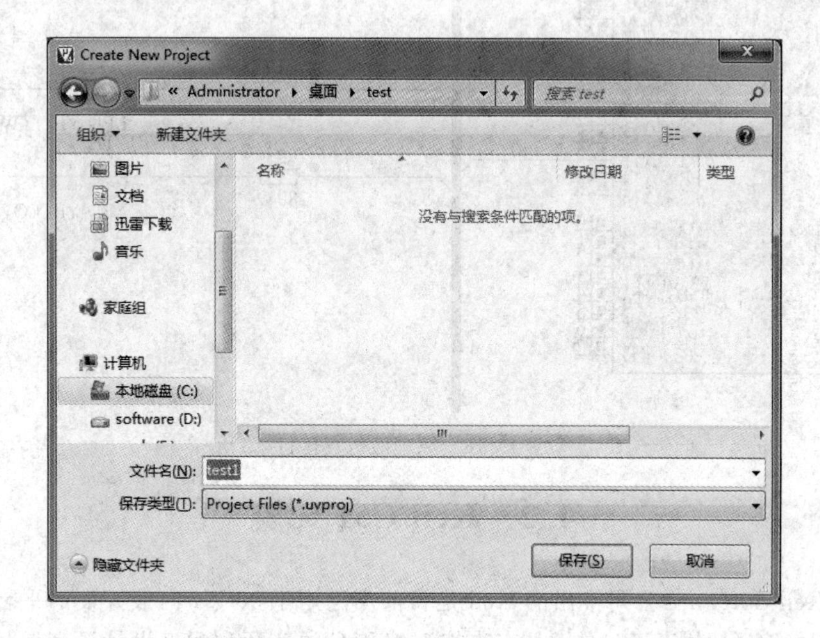

图 4-20　创建工程文件

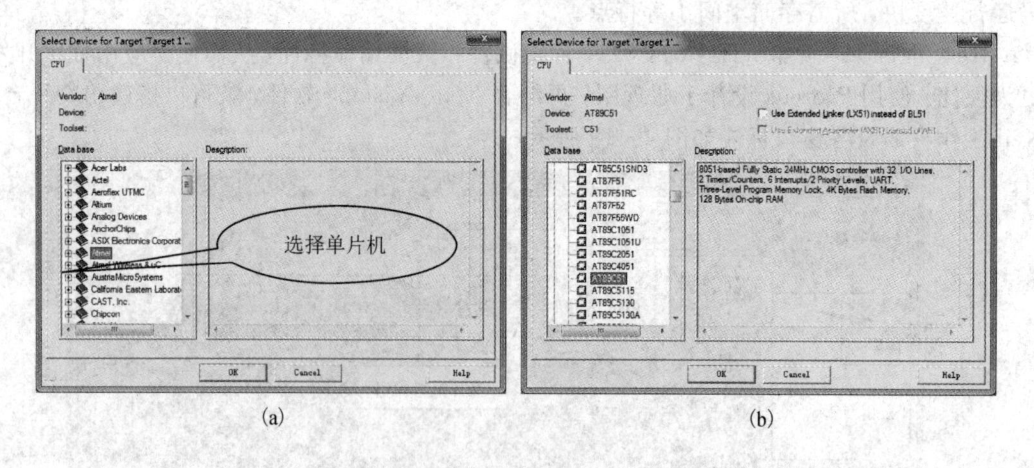

图 4-21　选择指定 MCU

(2) 执行“File”→“New”命令，创建一个新的源程序文件，如图 4-22 所示。在指定文件夹中保存该文件。注意：要将该文件保存为“.c”文件。

(3) 将新建的“.c”文件添加到该项目中，如图 4-23 所示。

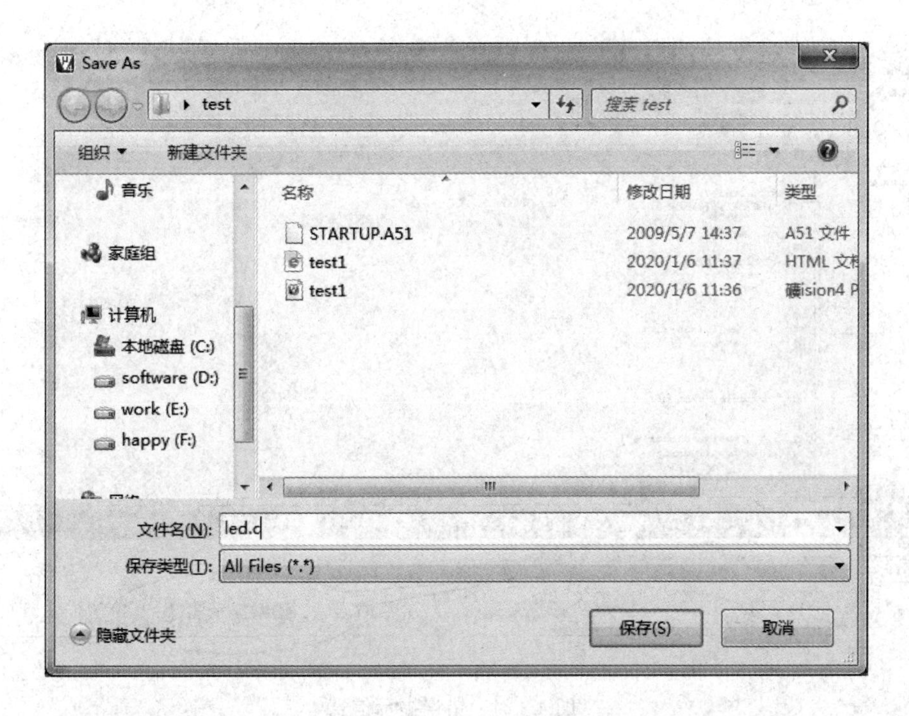

图 4-22　创建“.c”文件

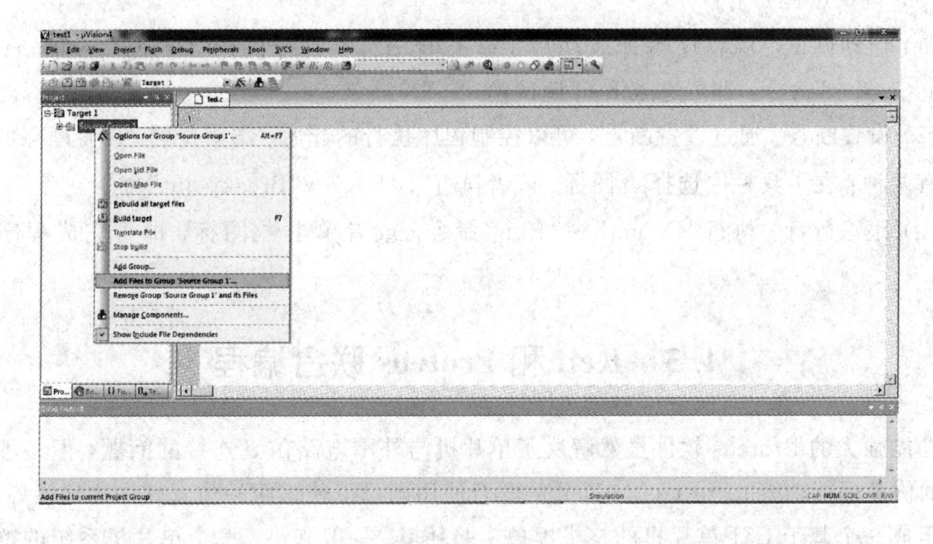

图 4-23　加载“.c”文件

(4) 在“.c”文件中完成程序代码的编写。

(5) 执行工具栏上的按钮，即可对工程进行编译连接。

4.2.2　Keil 调试

上一节介绍了如何在 Keil 中进行工程的建立、编译、连接及目标代码的构建，但是在实际编程中，真正能够做到一步到位非常困难，很多情况下，必须通过调试才能够解决程序中的错误，如图 4-24 所示。因此，调试也是 Keil 编程中非常重要的一个环节。

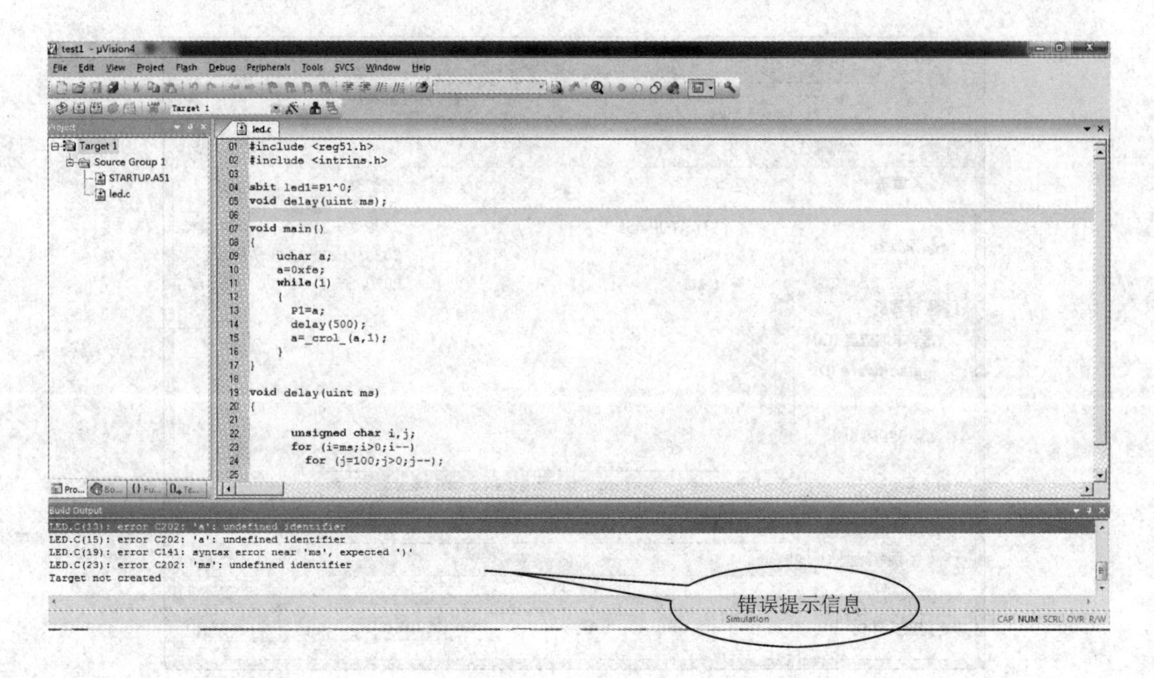

图 4-24 错误提示信息

Keil 调试过程如下：

(1) 启动调试。源程序编译成功后，单击图标，或者执行“Debug”→“Start/Stop Debug Session”命令，即可进入 Keil 调试模式。

(2) 设置断点。通过设置断点，可以控制程序执行的起始、结束位置。设置断点的方法主要有两种：在工具栏中选择图标；或者执行“Debug”→“Breakpoint”命令。

(3) 跟踪运行。执行“Debug”→“Run”命令，或者单击图标，即可完成程序跟踪运行。

4.3 Keil 和 Proteus 联合编程

功能强大的 Proteus 软件虽然解决了单片机与外围电路仿真连接的问题，但还不具备 C51 的仿真运行功能。Proteus 与 Keil 的联合使用则可以使这两种仿真软件达到优势互补，从而组成一个基于 C51 单片机的整机虚拟实验环境。一般来讲，一个单片机系统的整机虚拟仿真应分为以下 3 个步骤：

(1) Proteus 环境中的电路设计。首先在 Proteus 中完成系统原理图的设计，包括元器件、外围接口芯片、电路连接及电气检测。

(2) Keil 源程序设计及目标代码生成。在 Keil 平台上进行源程序的编写、编译及调试，最后生成目标代码文件(*.hex 文件)。

(3) Proteus 和 Keil 联合调试与仿真。在 Proteus 平台上将目标代码文件(*.hex 文件)加载到单片机中，并对系统进行虚拟仿真。

下面通过一个简单的例子来说明 Keil 和 Proteus 是如何进行联合编程的。

【例4-2】 使用单片机的I/O端口，通过开关控制LED亮、灭。

(1) 启动Proteus，在Proteus中绘制如图4-25所示的电路图，并修改相应元器件属性。将文件以文件名“example.dsn”保存于指定路径下。

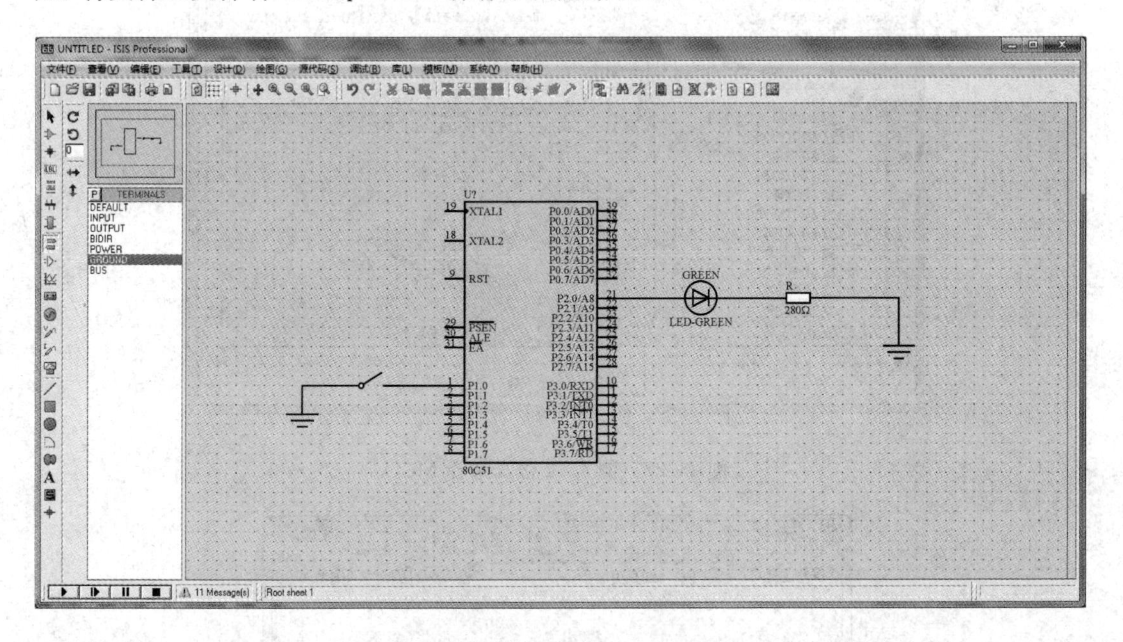

图4-25 例4-2电路图

(2) 启动Keil。在Keil中创建新的工程文件，执行“Project”→“New Project”命令，在指定路径下，以文件名“led.uv2”保存该工程，如图4-26所示。

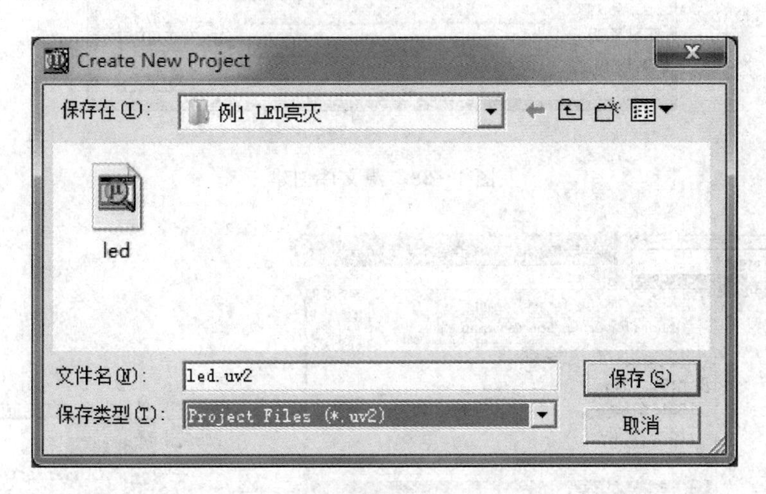

图4-26 保存例4-2工程文件

(3) 为仿真选择合适的MCU，如图4-27所示。

(4) 新建led.c源文件，并与之前创建的工程文件保存于同一路径下，如图4-28所示。

(5) 将led.c源文件添加到目标1下，如图4-29所示。

(6) 执行“Project”→“Options for Target ‘Target1’”命令。在对话框的“Output”选项中，勾选“Create HEX File”选项，生成HEX文件，如图4-30所示。

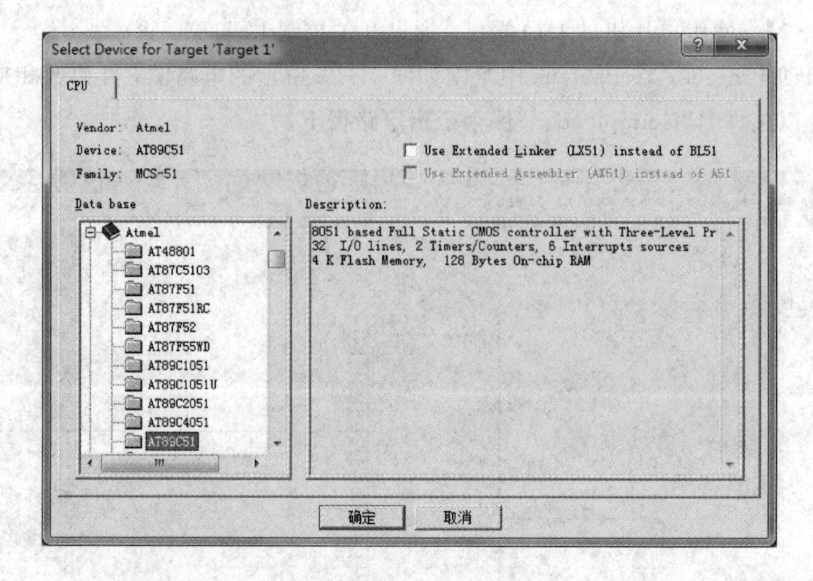

图 4-27 例 4-2 仿真选择 MCU

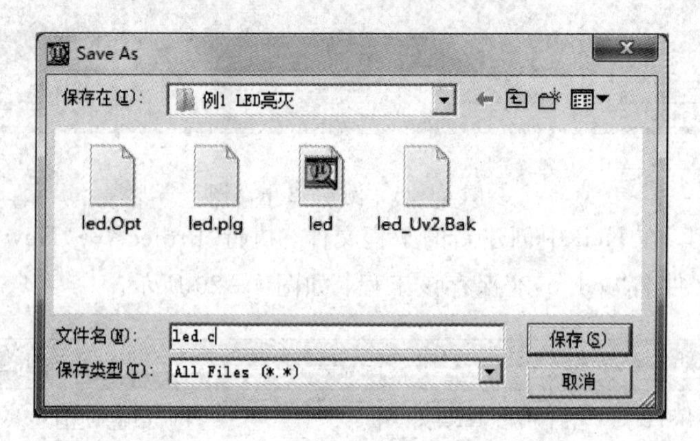

图 4-28 源文件创建

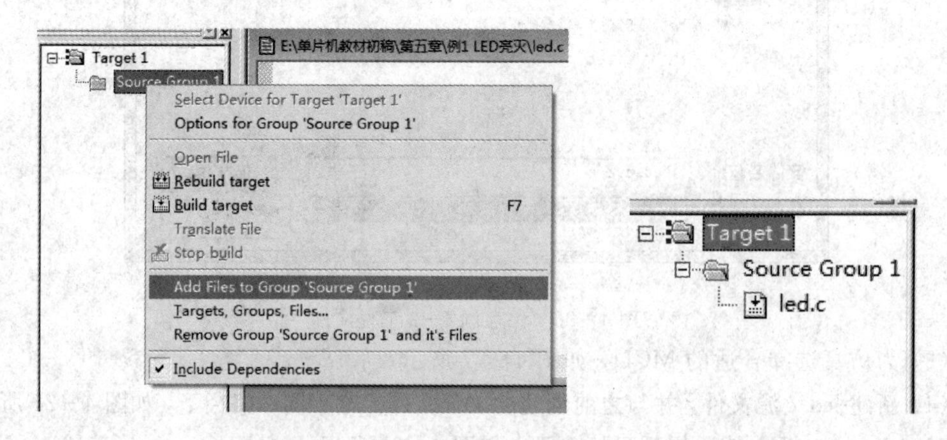

图 4-29 添加源文件到目标 1

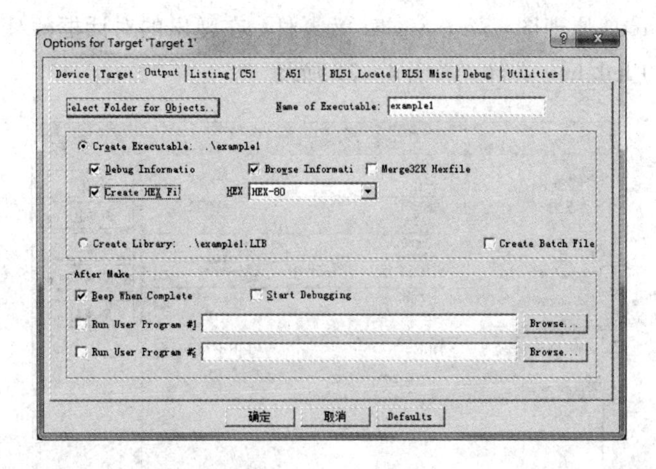

图 4 - 30　生成 HEX 文件

（7）在 led. c 源文件中添加如下源代码：

```
＃include＜reg51. h＞
sbit key＝P1^0；
sbit led＝P2^0；
main()
{
    led＝0；
    while(1)
    {
        while(key＝＝0)led＝1；
        led＝0；
    }
}
```

（8）单击工具栏中的(Rebuild all target files)按钮，编译所有源文件，如图 4 - 31 所示。

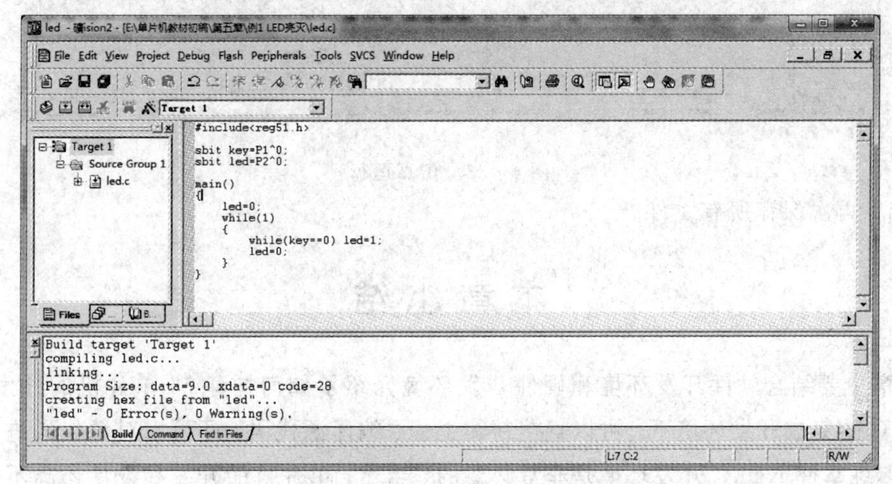

图 4 - 31　编译所有源文件

(9) 打开 Proteus 原理图，双击 80C51 元器件，在弹出的对话框的“Program File”选项中选择刚才生成的 led. hex 文件，如图 4-32 所示。

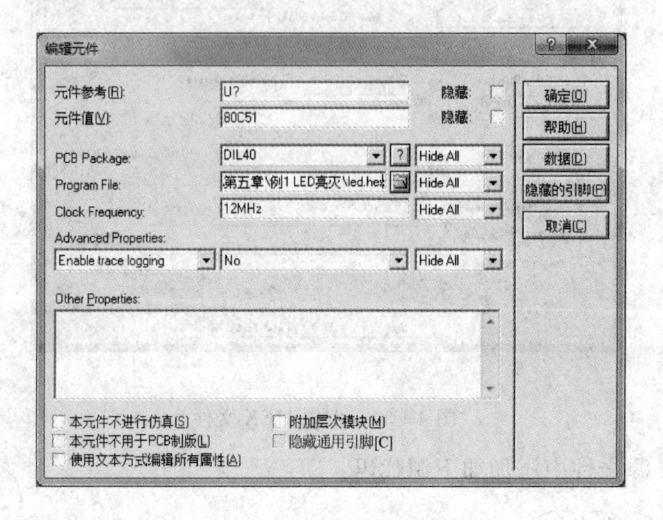

图 4-32 加载 HEX 文件到电路

(10) 仿真运行，如图 4-33 所示。

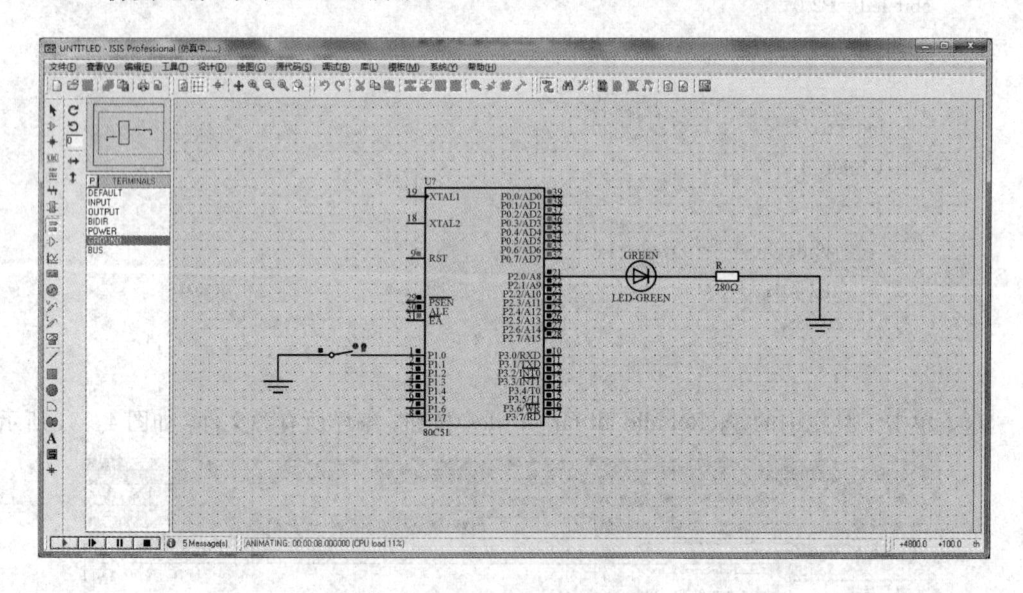

图 4-33 仿真运行

(11) 再次保存所有文件。

本章小结

本章主要结合软件开发环境和硬件开发环境介绍了如何构建 51 单片机的开发平台。在 Keil C 的集成开发环境下，可以直接新建工程、编译源代码，还可以对源代码进行仿真调试，熟练掌握 Keil C 开发环境是非常必要的。当然，单片机的开发和设计还离不开硬件电路的知识。Proteus 包含丰富的硬件元件库，可供用户直接调用，并在开发环境中进行连线、调试、仿真运行。

习　题

1. 在 Proteus ISIS 中以总线方式绘制流水灯电路原理图。

2. 利用 Proteus ISIS 完成图 4-34 所示的行列式矩阵键盘原理图的绘制。

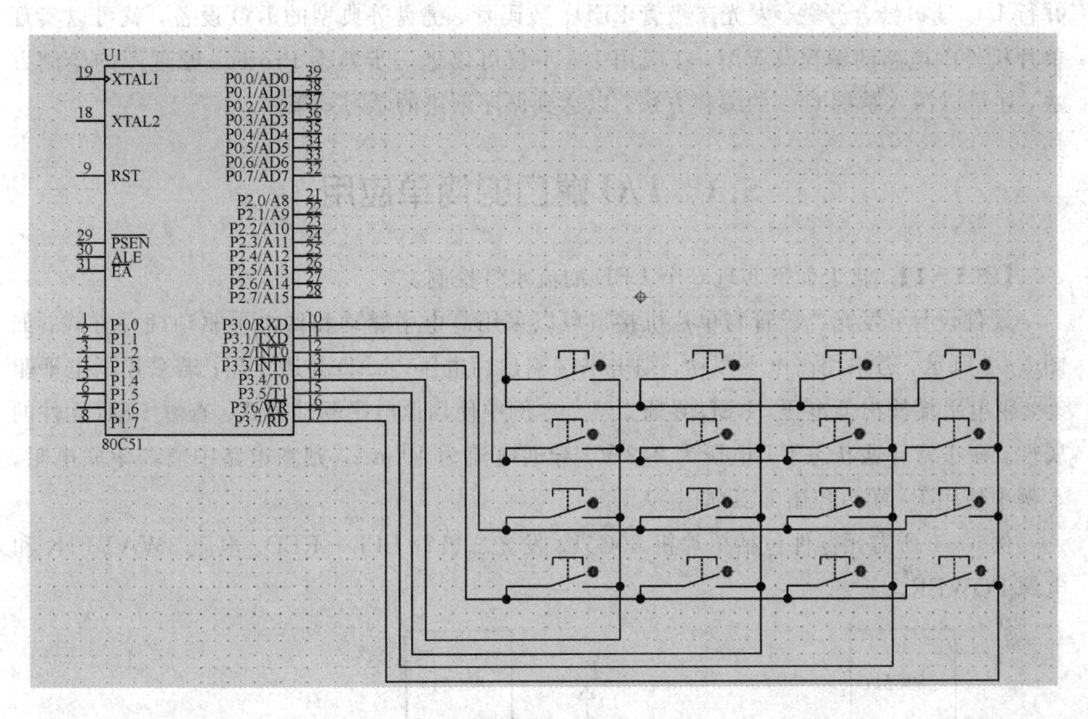

图 4-34　行列式矩阵键盘原理图

3. 新建一个名为“mytest”的工程文件，目标器件为“ST89C51RC”，在工程目录下添加“test. c”文件。

第5章　I/O端口编程及应用

I/O端口是单片机最重要的系统资源之一，也是单片机连接外设的窗口。将单片机的并行I/O端口结合开关、发光二极管LED、数码管、键盘等典型的I/O设备，就可以实现单片机外围电路的编程及应用。在应用中，不仅可以进一步熟悉Proteus原理图的绘制方法，还可以深入掌握C51的编程方法，以达到循序渐进的学习效果。

5.1　I/O端口的简单应用

【例5-1】 自上而下实现8个LED的流水灯控制。

硬件设计：发光二极管与单片机接口可以采用高电平驱动和低电平驱动两种方式，如图5-1所示。若采用高电平驱动，则电平端输出高电压，LED导通点亮；若采用低电平驱动，则电平端输出低电压，LED导通点亮。本例中使用低电平驱动方式。查看LED元件的属性，在正常导通状态下，电压为2.2 V，导通电流为10 mA，则在电路中需要串联电阻。本例中使用P1端口控制LED灯亮灭。

例5-1所需元器件包括单片机80C51、发光二极管LED-RED、电阻3WATT1K和电源POWER。

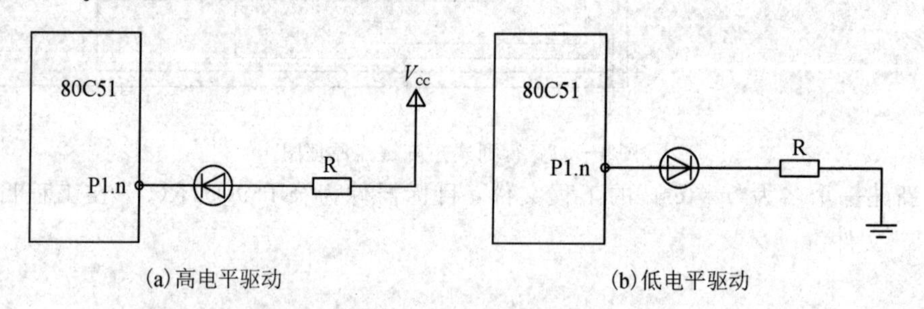

图5-1　发光二极管的两种驱动方式

在Proteus ISIS中绘制原理图，如图5-2所示。

编程设计：

方法一：使用循环控制结构实现跑马灯的控制。

定义一个全局数组保存花样流水灯数据。在程序中，使用循环控制结构依次将花样流水灯数据数组中的数组元素值赋给P1端口。

```
#include <reg51.h>

char led[]={0xfe, 0xfd, 0xfb, 0xf7, 0xef, 0xdf, 0xbf, 0x7f};  //花样流水灯数据
void delay(int ms);
```

```
void delay(int ms)
{
  int i, j;
  for (i=ms; i>0; i--)
      for (j=100; j>0; j--);

}

void main()
{
  int i;
  while(1)
  {
    for(i=0; i<=7; i++)
    {
      P1=led[i];
      delay(200);
    }
  }
}
```

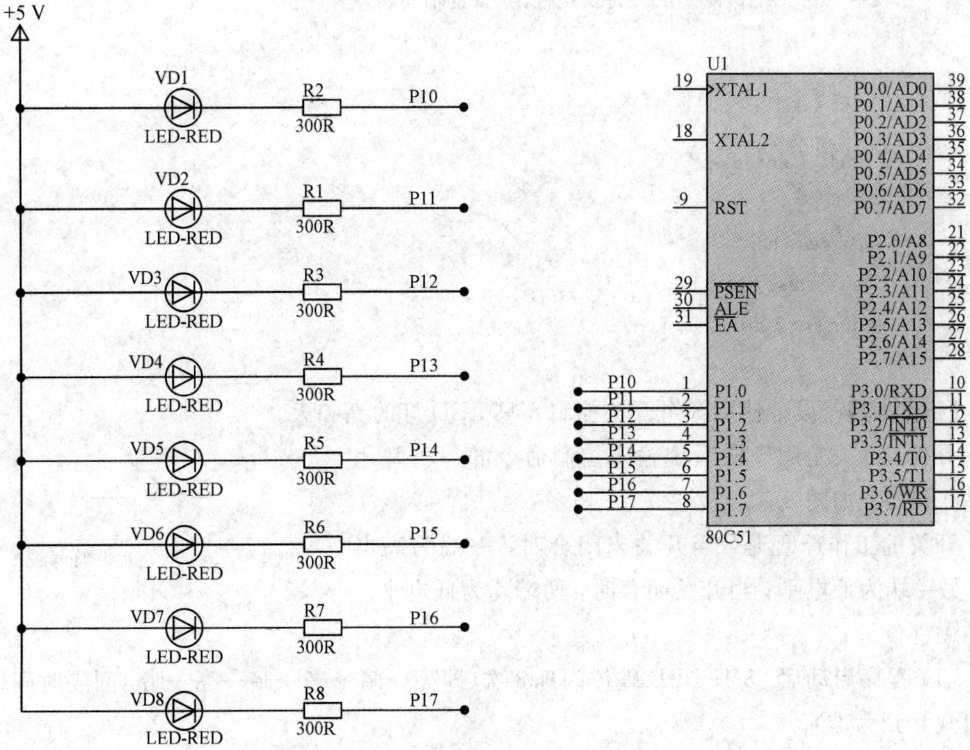

图 5-2　例 5-1 原理图

方法二：不使用循环控制结构，结合移位函数实现流水灯控制。内部库函数<intrins.h>头文件中包含了循环左移函数_crol_和循环右移函数_cror_，借助这两个函数，也可以按照指定的方向依次点亮LED。

```
#include <reg51.h>
#include <intrins.h>  //移位函数包含在intrins.h头文件中

#define uchar unsigned char
#define uint unsigned int

sbit led1=P1^0;
void delay(uint ms);

void main()
{
  uchar a;
  a=0xfe;                //a的初值为11111110
  while(1)
  {
  P1=a;
  delay(500);
  a=_crol_(a, 1);        //每次执行，将a的值逻辑左移一位
  }
}

void delay(uint ms)
{
  unsigned char i, j;
  for (i=ms; i>0; i--)
    for (j=100; j>0; j--);
}
```

【例5-2】 设计使用8个开关控制8只LED灯的亮和灭。

分析：开关是用于向系统输入控制命令的一种常用的输入设备，如图5-3所示。

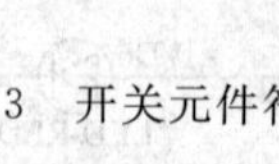

图5-3　开关元件符号图

开关的工作原理是：当开关未闭合时，一端为高电平，另一端为低电平；当开关闭合时，两端均为低电平。

硬件设计：

(1) 程序启动后，8只LED整体闪烁3次(即亮→暗→亮→暗→亮→暗，间隔时间以肉眼可观察到为准)。

(2) 根据开关状态控制对应的 LED 的亮灯状态，即开关闭合相应灯亮，开关断开相应灯灭。其中，P0 口为漏极开路结构，需要外接上拉电阻。

例 5-2 所需元器件包括单片机 89C51、发光二极管 LED-YELLOW、电阻 3WATT 1K、SWITCH、电源 POWER 和地线 GROUND。

在 Proteus ISIS 中绘制原理图，如图 5-4 所示。

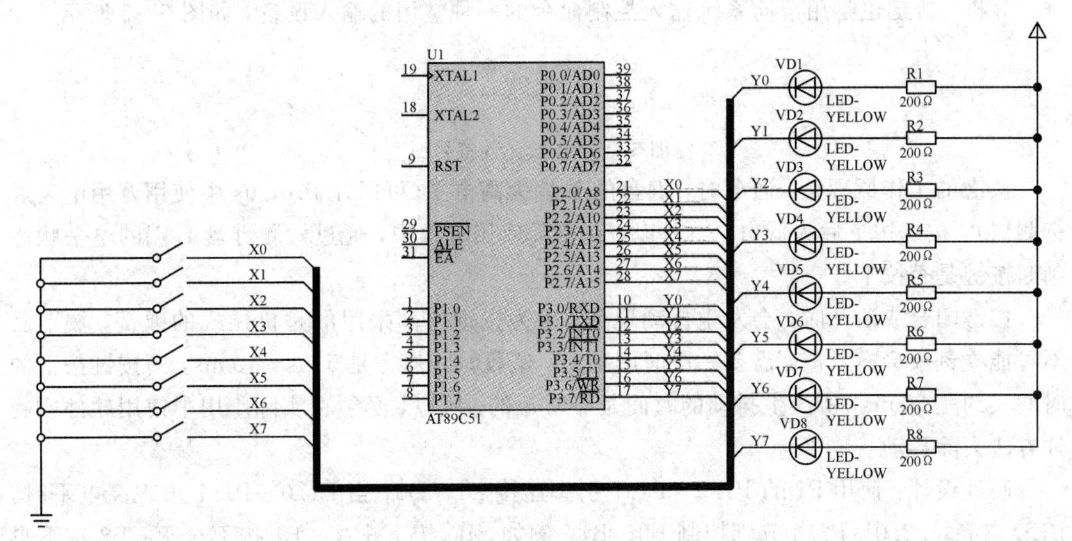

图 5-4　例 5-2 原理图

软件设计：

```
#include<reg51.h>
void delay(int ms)
{
  char i;
  for(; ms>=0; ms--)
    for(i=125; i>=0; i--);
}
void main()
{
  char i;
  P3=0xff;
  for(i=0; i<3; i++)
  {
    P3=0x00;
    delay(500);
    P3=0xff;
    delay(500);
  }
  while(1)
  {
```

```
        P3=P2;
    }
}
```

【例 5-3】 键控流水灯，使用 4 个按钮分别控制 8 个 LED 流水灯的全灭、全亮、自上而下点亮、自下而上点亮 4 种状态。

分析：按键也是用于向系统输入控制命令的一种常用的输入设备，如图 5-5 所示。

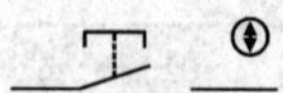

图 5-5　按键元件符号图

按键的工作原理是：通电时，键盘的 L 端为高电平(可以在 Proteus 中使用万用电表进行测试)，按键按下后为低电平。所以，在实际应用过程中，通过检测键盘 L 端的电平状态判断按键是否按下。

按键闭合或断开时，会发生抖动现象。因为按键内部采用的是机械式的弹簧，按下后不可能立刻就会有反应，需要一段时间稳定，这段时间通常是 5 ms～10 ms，而按键按下的时间大约是 20 ms，所产生抖动的时间是非常短的。所以，必须在实际应用中使用软件或硬件方法去除抖动。

硬件设计：使用 P1 的 P1.0～P1.7 引脚连接 D1～D8，当 P1.0～P1.7 出现高电平时，LED 点亮。P2.0～P2.3 分别控制 B0～B4。例如，B0 按下全亮；B1 按下全灭；B2 按下自上而下点亮；B3 按下自下而上点亮。本例所需元器件包括单片机 80C51、按键 BUTTON、发光二极管 LED-GREEN、电阻 3WATT1K 和地线 GROUND。

在 Proteus ISIS 中绘制原理图，如图 5-6 所示。

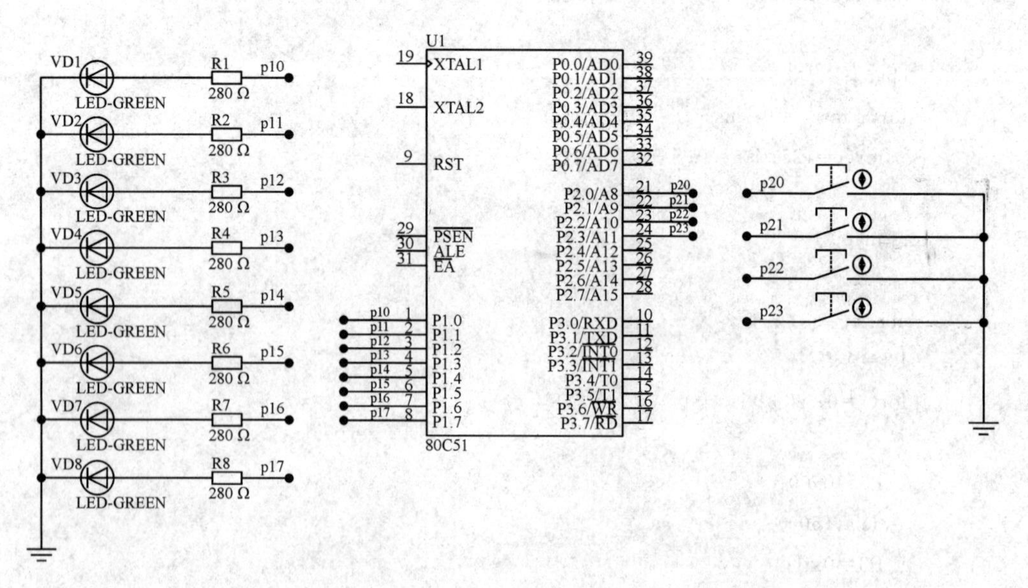

图 5-6　例 5-3 原理图

软件设计：首先声明定义一个全局 dir 变量和 LED 花样流水灯数组。其中，dir 用来判断用户的按键动作。由于本例中使用的是 BUTTON，所以需要考虑按键的延时，使用软件延时消除按键抖动。

```
#include<reg51.h>
char led[]={0x01, 0x02, 0x04, 0x08, 0x10, 0x20, 0x40, 0x80};  //LED 花样流水灯数组
int dir=0;                          //dir 变量用来对按键状态进行判断
void delay(int ms)
{
  int i;
  for(i=0; i<ms; i++);
}
void buttonctrl()
{
  if(P2! =0xff)
  {
  delay(20);                        //软件消除按键抖动
  if(P2! =0xff)
  {
    if(P2==0xfe) dir=1;
    if(P2==0xfd) dir=2;
    if(P2==0Xfb) dir=3;
    if(P2==0Xf7) dir=4;
  }
  }
}
void main()
{
    int i;
    P1=0x00;                        //初始状态，LED 全灭
    while(1)
    {
      buttonctrl();
    if(dir==1) P1=0xff;             //LED 全亮
    if(dir==2) P1=0x00;             //LED 全灭
    if(dir==3)
    for(i=0; i<=7; i++)             //自上而下点亮 LED 流水灯
    {
      P1=led[i];
      delay(500);
      }
    if(dir==4)                      //自下而上点亮 LED 流水灯
    for(i=7; i>=0; i--)
    {
      P1=led[i];
      delay(500);
```

```
        }
    }
}
```

当然，也可以将主函数中的if多分支判断换成switch结构，使用如下代码进行替换：

```
switch(dir)
{
    case 1: P1=0xff; break;         //LED全亮
    case 2: P1=0x00; break;         //LED全灭
    case 3:
      for(i=0; i<=7; i++)           //自上而下点亮LED流水灯
      {
        P1=led[i];
        delay(500);
      }
      break;
    case 4:
      for(i=7; i>=0; i--)           //自下而上点亮LED流水灯
      {
        P1=led[i];
        delay(500);
      }
      break;
}
```

【例5-4】 利用数码管实现0～9循环计数显示。

分析：数码管是单片机应用中常用的显示设备。LED数码管排成"8"字形，共计7段，每一段LED使用a～g以及一个小数点dp标识，通常称为7段式数码管，如图5-7(a)所示。通过LED的亮灭构成不同的数字、字母及符号。7段数码管加上一个小数点，共计8段。因此，为LED显示器提供的编码正好是一个字节。在实际应用中，7段式数码管有共阴极和共阳极两种接法。

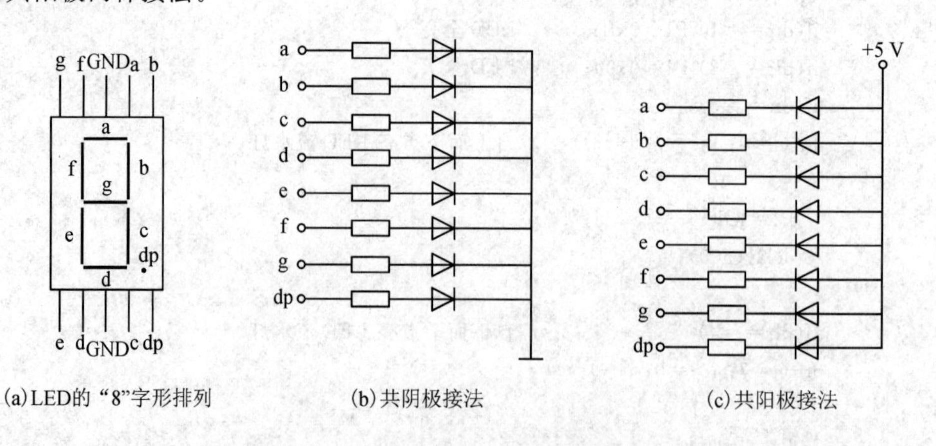

(a)LED的"8"字形排列　(b)共阴极接法　(c)共阳极接法

图5-7　段式数码管的显示及接法

对于共阴极数码管，所有 LED 的阴极统一接地。阳极接高电平的 LED 被点亮，相应的段被显示；阳极接低电平的 LED 截止，相应的段不被显示，如图 5-7(b)所示。例如，采用共阴极接法，若要显示“1”，则 b、c 置“1”，其余都为“0”；若要显示“8”，那么 a～g 都要发光，则 a～g 都需要置“1”，dp 置“0”。共阴极数码管段选码表如表 5-1 所示。

表 5-1　共阴极数码管段选码表

显示字符	十六进制表示	显示字符	十六进制表示
0	0X3F	9	0X6F
1	0X06	A	0X77
2	0X5B	B	0X7C
3	0X4F	C	0X39
4	0X66	D	0X5E
5	0X6D	E	0X79
6	0X7D	F	0X71
7	0X07	全灭	0X00
8	0X7F	…	…

对于共阳极数码管，所有 LED 的阳极统一接电源。阴极接低电平的 LED 被点亮，相应的段被显示；阴极接高电平的 LED 截止，相应的段不被显示，如图 5-7(c)所示。例如，采用共阳极接法，若要显示“1”，则 b、c 置“0”，其余都为“1”；若要显示“8”，那么 a～g 都要发光，则 a～g 都需要置“0”，dp 置“1”。共阳极数码管段选码表如表 5-2 所示。

表 5-2　共阳极数码管段选码表

显示字符	十六进制表示	显示字符	十六进制表示
0	0XC0	9	0X90
1	0XF9	A	0X88
2	0XA4	B	0X83
3	0XB0	C	0XC6
4	0X99	D	0XA1
5	0X92	E	0X86
6	0X82	F	0X8E
7	0XF8	全灭	0XFF
8	0X80	…	…

段式数码管有两种工作方式，即静态显示方式和动态显示方式。在静态显示方式下，每位数码管的 a～g 及 dp 端与一个 8 位的 I/O 端口相连，而公共端根据选用的共阴极或者共阳极数码管分别接地或者接电源。当要在某位数码管上显示字符时，只要从对应的 I/O 端口输出并锁存显示代码即可。送入一次字符后，字符可以一直保持，直到送入新的字符为止。这种方法的优点是数据显示稳定，占用 CPU 时间少，显示便于监测和控制；缺点是硬件电路比较复杂，成本比较高。若单片机系统中有 n 个 LED 数码管，则需要使用 $8n$ 根 I/O 端口线，占用 I/O 资源增多。目前使用这种方式的较少。

在动态显示方式下，一位一位轮流点亮各位数码管，也就是说，每一时刻只有一位数码管被点亮。数码管的点亮既和点亮时的电流有关，也和点亮时间与间隔时间有关，通过调整电流和时间参数，可无闪烁感地稳定显示效果。例如，对于 50 Hz 的刷新频率，各位数码管依次轮流点亮的刷新周期是 1/50 Hz＝0.02 ms。若有 8 个数码管形成动态显示方式，则每个数码管在刷新周期中仅点亮 20 ms/8＝2.5 ms，人眼看上去和静态方式同时点亮数码管的效果几乎一样。动态显示的稳定性虽然比静态显示要差一些，控制方式略微复杂点，但这种方式占用 I/O 端口资源较少，目前使用这种方式的较多。

硬件设计：使用 P0 端口的 7 个引脚控制共阴极数码管显示。如果要让数码管的 LED 点亮，则 P0 引脚必须出现高电平，而 P0 是一个特殊的 I/O 端口，需使用上拉电阻才能够实现高电平状态。P0 端口通过 8 位数字锁存器 74HC573 控制共阴极数码管显示，74HC573 的 D0～D7 为输入，Q0～Q7 为输出，D0 和 Q0 相对应，以此类推。74HC573 真值表如表 5－3 所示。

表 5－3　74HC573 真值表

使能控制端		输入端	输出端
OE	LE	D	Q
L	H	H	H
L	H	L	L
L	L	×	Q0
H	×	×	×

例 5－4 所需元器件包括单片机 80C51、7 段式数码管 7SEG－COM－CAT－BLUE、排阻 RESPACK－7、数字锁存器 74HC573、电源 POWER 和地线 GROUND。

在 Proteus ISIS 中绘制原理图，如图 5－8 所示。

编程设计：首先定义一个全局的字模数组，保存数码管的字形信息。然后在主函数中设计一个循环结构，使数码管轮流显示 0～9 这 10 个字符信息。

程序代码如下：

```
#include<reg51.h>

#define uchar unsigned char
#define uint unsigned int
uchar table[]={0x3f, 0x06, 0x5b, 0x4f, 0x66, 0x6d, 0x7d, 0x07, 0x7f, 0x6f};
```

```
                                                    //共阴极数码管字模设计
void delay(uint ms);

void main()
{
  uint i;
  while(1)
  {
   for (i=0; i<=15; i++)
     {
       P0=table[i];   //将字模数组中的数组元素分别送到 P0 端口显示
       delay(500);
     }
   }
}
void delay(uint ms)
{
  uint i, j;
  for (i=ms; i>0; i--)
    for (j=100; j>0; j--);
}
```

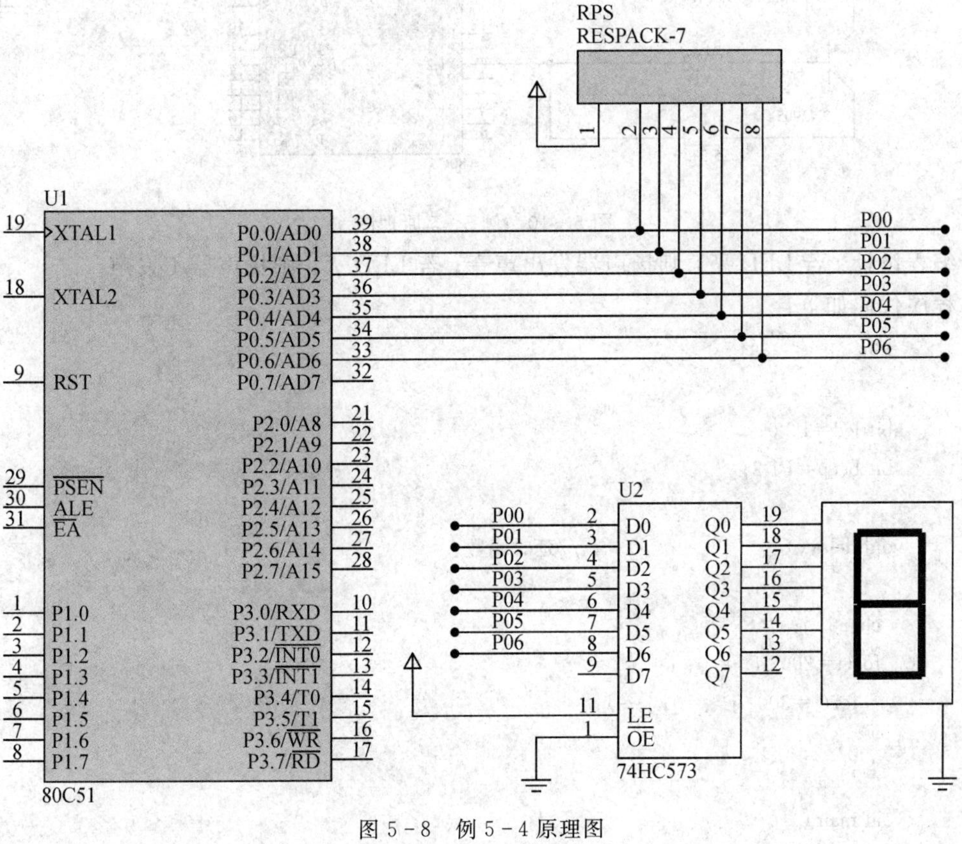

图 5-8 例 5-4 原理图

【例 5-5】 扬声器的简单应用。

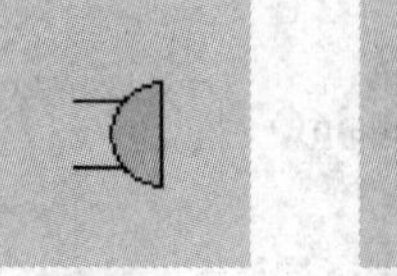
(a) 蜂鸣器

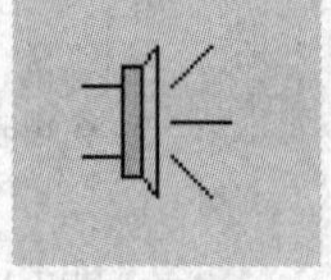
(b) 扬声器

图 5-9 蜂鸣器和扬声器

分析：蜂鸣器和扬声器都是一种一体化结构的电子讯响器，采用直流电压供电，广泛应用于计算机、打印机、复印机、报警器、电子玩具、汽车电子设备、电话机、定时器等电子产品中做发声器件。蜂鸣器和扬声器包含在元器件库 Speaker and Sounders 中，两者用法基本类似。图 5-9 所示为两类元器件的符号化表示。

硬件设计：利用 P2.0 引脚控制 LED 点亮和熄灭，P1.2 引脚使用一个 PNP 型三极管充当开关作用控制扬声器发声。本例所需元器件包括单片机 80C51、电阻 3WATT1K、扬声器 SOUNDER、发光二极管 LED-RED、三极管 2N2905、电源 POWER 和地线 GROUND。

在 Proteus ISIS 中绘制原理图，如图 5-10 所示。

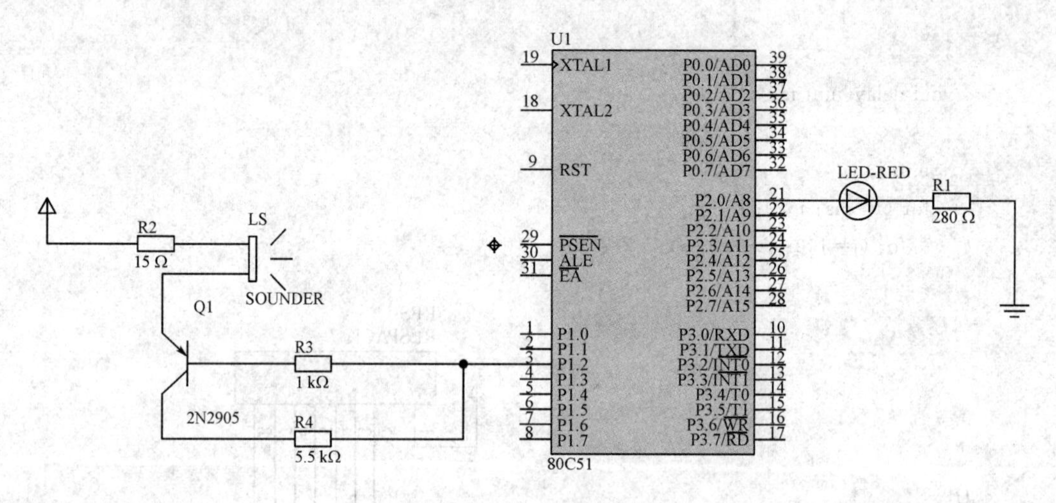

图 5-10 例 5-5 原理图

编程设计：若 LED 亮，则扬声器发出声音；若 LED 灭，则扬声器不发声。

程序代码如下：

```
#include<reg51.h>

sbit led=P2^0;
sbit beep=P1^2;

void delay()                          //延时函数
{
    char i, j;
    for(i=200; i>=0; i--)
        for(j=300; j>=0; j--);
}

void main()
```

```
{
    led=0;
    beep=0;
    while(1)
    {
        led=~led;
        beep=~beep;
        delay();
    }
}
```

5.2 I/O 端口的进阶应用

【例 5-6】 设计矩阵式键盘，当按下键盘上不同的按键时，可在数码管上显示不同的字符信息。

分析：键盘分为编码键盘和非编码键盘两种。键盘上闭合键的识别由专用的硬件编码器实现，并产生编码信号或键值的称为编码键盘，如计算机键盘。而靠软件识别的是非编码键盘，在单片机系统中使用比较多的是非编码键盘。非编码键盘又分为独立键盘(4 键)和行列(矩阵，16 键)式键盘。

键盘有两种构成方式：独立式键盘和矩阵式键盘。独立式键盘直接使用 I/O 端口进行控制，一个 I/O 控制线控制一个按键，如图 5-11(a)所示。这种键盘使用比较简单，但是占用较多 I/O 端口，同时查询周期为 10 ms～100 ms，这是根据弹簧式按键的按下与释放的反应时间决定的。因此，无论是否有按键被按下，CPU 必须按查询周期不间断地查询按键，否则，CPU 查询周期大于几百毫秒甚至更长，在此期间若有按键被按下，则 CPU 就会丢失按键的捕获。

矩阵式键盘又称为行列式键盘，将 I/O 端口线的一部分作为行线，另一部分作为列线，按键设置在行线和列线的交叉点上，如图 5-11(b)所示。矩阵式键盘中按键的数量可达行线数 m 乘以列线数 n，如 4 行、4 列的矩阵式键盘按键数量可达 4×4=16 个。由此可见，矩阵式键盘占用 I/O 端口资源较少。

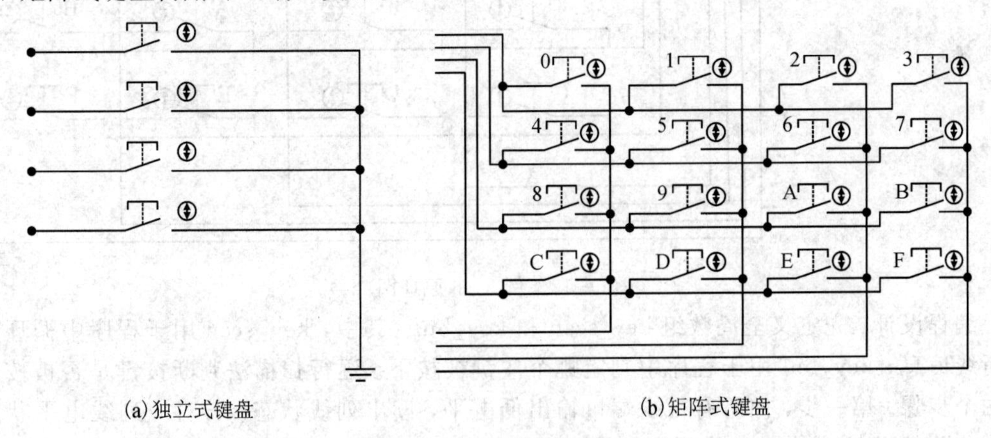

图 5-11 常见键盘结构

硬件设计：使用 P0 控制共阴极数码管显示 0～9 及 A～F 字符信息。P3.0～P3.3 作为行线控制，P3.4～P3.7 作为列线控制。每条行线和列线均接到＋5 V 的电源上。当行线设置成输出线、列线设置成输入线时，在没有按键被按下时，列线均处于高电平状态，读入逻辑全“1”；若有按键被按下，则对应的行线引脚和列线引脚出现低电平，读入逻辑全“0”。

识别矩阵式键盘有无按键被按下有逐行扫描法和线翻转法。逐行扫描法适合所有行线固定为输出线、所有列线固定为输入线的情况。本例所需元器件包括单片机 80C51、7 段式数码管 7SEG－COM－CAT－BLUE、排阻 RESPACK－7、按键 BUTTON、电源 POWER 和地线 GROUND。

在 Proteus ISIS 中绘制原理图，如图 5－12 所示。

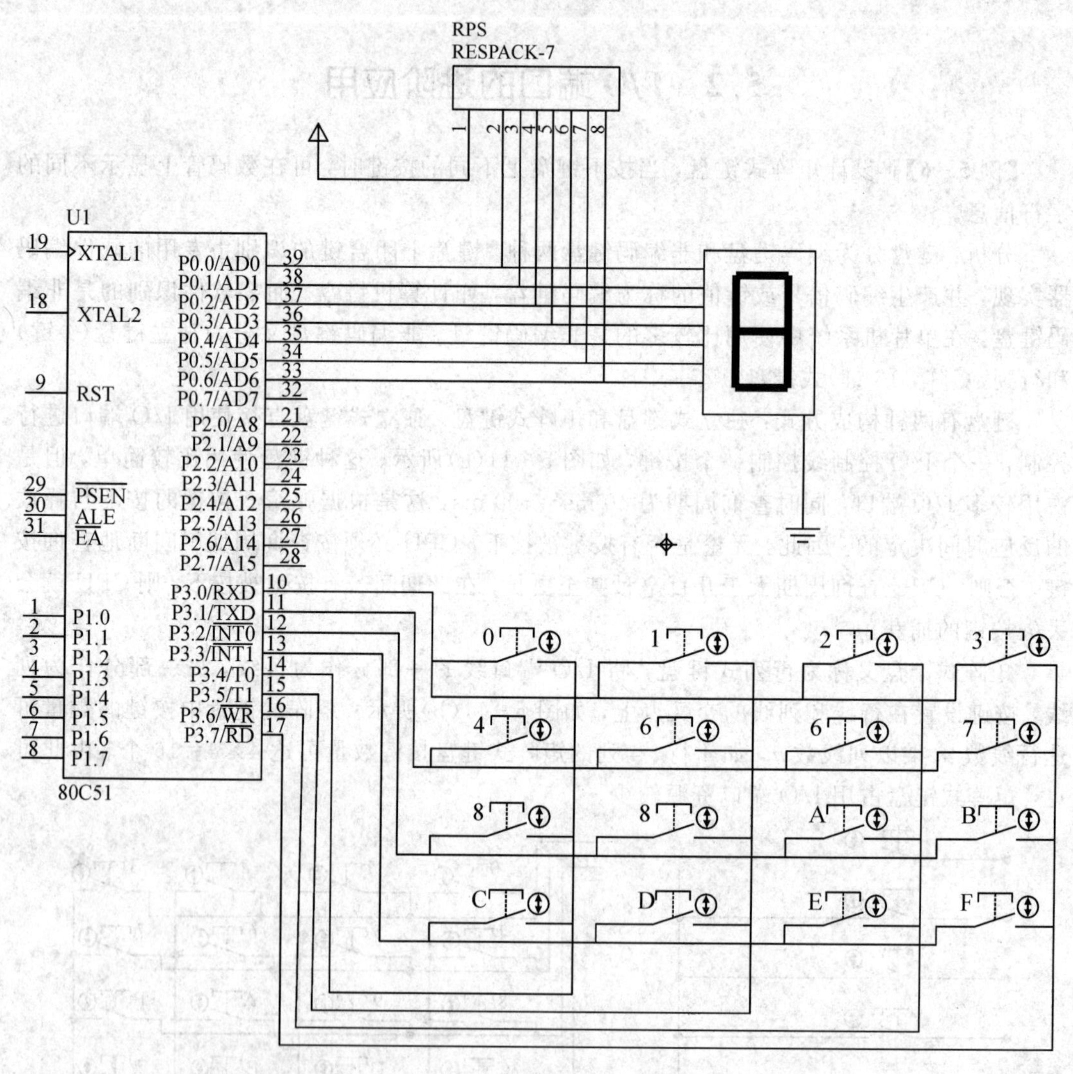

图 5－12　例 5－6 原理图

编程设计：先定义全局数组 key_scan 和 key_buf。其中，key_scan 用于程序中循环扫描行线信息；key_buf 用于程序中判定哪个按键被按下。逐行扫描法判断按键是否被按下分两个步骤。第一步，向所有行线端口输出低电平，读出列线状态。若对应列线电平状态都为“1”，则退出本次行扫描周期；若有按键被按下，则对应的列线电平状态不全为“1”，即列线至少有一条为低电平，再执行软件消除抖动延时程序后转入步骤二。第二步，确定有按键被按下，求键码。逐一从一条行线上输出低电平，然后读出各列线状态。若全为高电平，则说明闭合按键不在该列上；若不全为高电平，则说明闭合按键在该列上，且在变为低电平的行的交点上。例如，当按键"0"被按下，对应的行线 P3.0 和对应的列线 P3.4 均为低电平时，则 P3 端口值为 0xee。

程序代码如下：

```
#include<reg52.h>

#define uchar unsigned char
#define uint unsigned int

uchar key_scan[]={0xfe, 0xfd, 0xfb, 0xf7};  //键扫描数组

uchar key_buf[]={0xee, 0xde, 0xbe, 0x7e,
                 0xed, 0xdd, 0xbd, 0x7d,
                 0xeb, 0xdb, 0xbb, 0x7b,
                 0xe7, 0xd7, 0xb7, 0x77
                 };                          //键模数组
uchar
table[]={0x3f, 0x06, 0x5b, 0x4f, 0x66, 0x6d, 0x7d, 0x07, 0x7f, 0x6f, 0x77, 0x7c, 0x39,
0x5e, 0x79, 0x71};                           //字模显示数组
void main()
{
  uchar i, j;
  for(i=0; i<=3; i++)
  {
    P3=key_scan[i];                          //P3 送出键扫描码
    if(P3!=0xff)                             //判断有无按键被按下
    {
      for(j=0; j<=15; j++)                   //查找按下按键的键值
      {
        if(key_buf[j]==P3)
        {
          P0=table[j];
          break;
        }
      }
    }
  }
}
```

【例 5-7】 使用两位数码管实现两位计数控制功能。按下 B1 按键实现计数清零；按下 B2 按键实现计数加 1；按下 B3 按键实现计数减 1。当计数值增加到 100 时，自动清零；

当计数值减少到−1时，重置为99。

分析：

(1) 循环读取按键端口状态值。分辨判断B1、B2和B3中的哪一个按键被按下。

(2) 进行计数统计。根据读取的按键端口状态，判断计数值应该进行何种操作(递增、递减、清零)。

(3) 拆数显示。为了使两位数值分别显示在两个数码管上，可以将计数值用取模运算(计数值%10)拆出个位值，使用整除运算(计数器值/10)拆出十位值，提取字模后分别送往相应显示端显示即可。

硬件设计：使用P0端口直接控制两位共阴极数码管7SEG-MPX2-CC。使用P2.0、P2.1作为片选信号端和两位数码管的C1、C2端口相连。P3.0～P3.2引脚分别连接B1～B3。其中，7SEG-MPX2-CC是利用数码管的动态显示原理进行工作的，所以在显示时需要进行片选操作。本例中通过P2.0、P2.1引脚实现对数码管的选通，再利用人眼视觉的局限性，使数码管同时能够显示两位数字。本例所需元器件包括单片机80C51、7段式数码管7SEG-MPX2-CC、排阻RESPACK-8、按键BUTTON、电源POWER、地线GROUND。

在Proteus ISIS中绘制原理图，如图5-13所示。

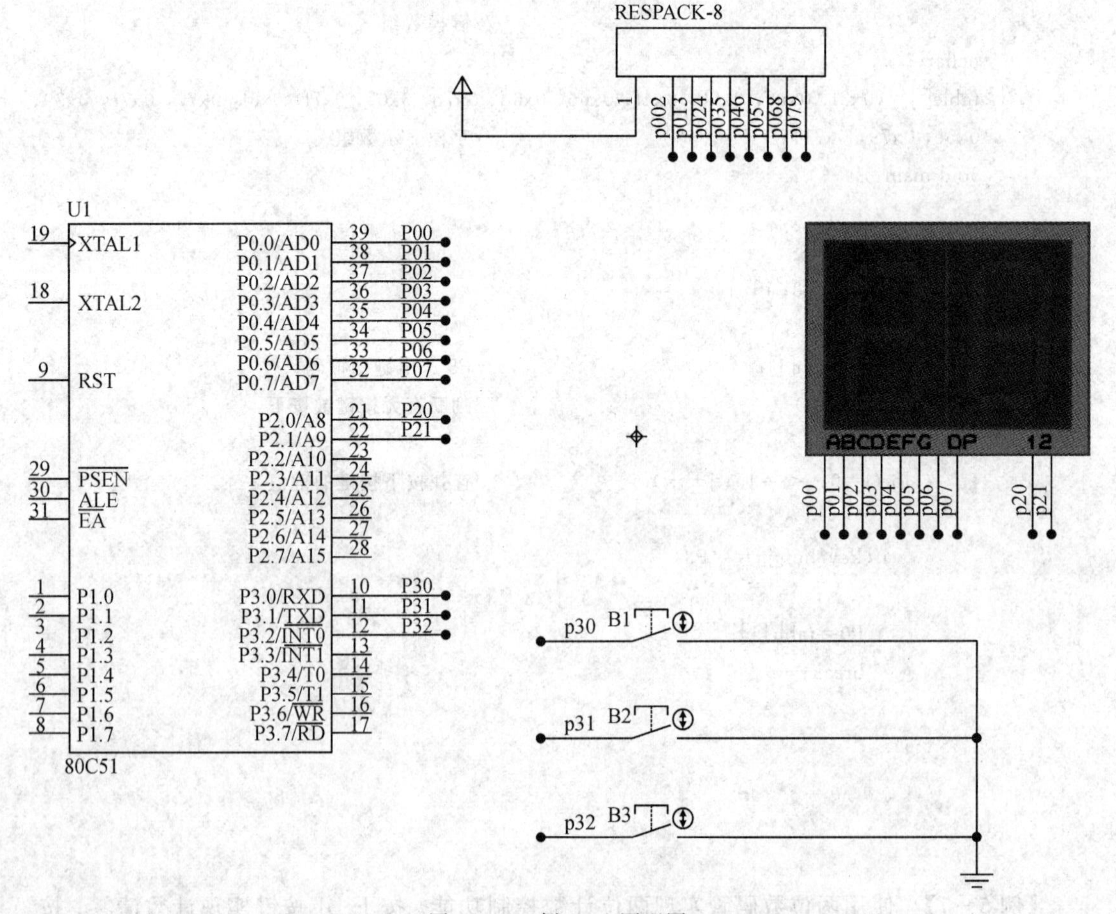

图5-13　例5-7原理图

编程设计：定义一个全局数组 table 用于保存数码管字模信息，count 用于全局计数。由于通过按键实现计数功能，所以需要考虑按键消除抖动的问题。本例中设计一个 display 函数，轮流选通两位数码管的某一位，利用非常短的时间延时，使数码管能够同时显示两位数。

程序代码如下：

```
#include<reg51.h>

int count=0;
char table[]={0x3f, 0x06, 0x5b, 0x4f, 0x66, 0x6d, 0x7d, 0x07, 0x7f, 0x6f};
sbit k1=P3^0;                    //清零
sbit k2=P3^1;                    //加 1
sbit k3=P3^2;                    //减 1

void delay(int k)                //延时约 0.1 ms
{
  int i, j;
  for(i=0; i<=k; i++)
    for(j=0; j<=120; j++);
}

void display()                   //数码管显示
{
  P2=0Xfe;                       //送两位数码管选通信号
  P0=table[count/10];            //拆出十位
  delay(1);
  P2=0xfd;                       //送两位数码管选通信号
  P0=table[count%10];            //拆出个位
  delay(1);
  }

void main()
{
  char k;
  display();
  while(1)
  {
  k=P3;
  if(k!=0xff)
  {
    delay(250);                  //软件消除抖动
    if(k!=0xff)
    {
      switch(k)                  //判断哪个按键被按下
      {
        case 0xfe: count=0; break;
```

```
                case 0xfd: count++;
                      if(count==100)count=0;
                      break;
                case 0xfb: count--;
                      if(count==0)count=99;
                      break;
                }
                while(P3==0xff)display();
            }
        }
    }
}
```

【例 5-8】 模拟交通灯控制。

分析：使用红、绿、黄三色 LED 构成一组交通信号灯。假设需要在某十字路口放置 4 组交通灯，按如下 0～4 号状态进行循环：

(1) 初始状态 0 为东西红灯，南北红灯。

(2) 转状态 1，东西方向绿灯亮，车辆可以通行，南北方向红灯亮，车辆禁止通行。

(3) 间隔一段时间后转状态 2，东西方向绿灯灭，黄灯亮，南北仍为红灯。

(4) 转状态 3，南北方向绿灯亮，车辆可以通行，东西方向红灯亮，车辆禁止通行。

(5) 转状态 4，南北绿灯灭，黄灯亮，东西方向仍然为红灯。

硬件设计：P0.0～P0.2 分别控制南北向交通灯，P0.5～P0.7 分别控制东西向交通灯。本例所需元器件包括单片机 80C51、发光二极管 TRAFFIC LIGHTS、排阻 RESPACK-8、电源 POWER。

在 Proteus ISIS 中绘制原理图，如图 5-14 所示。

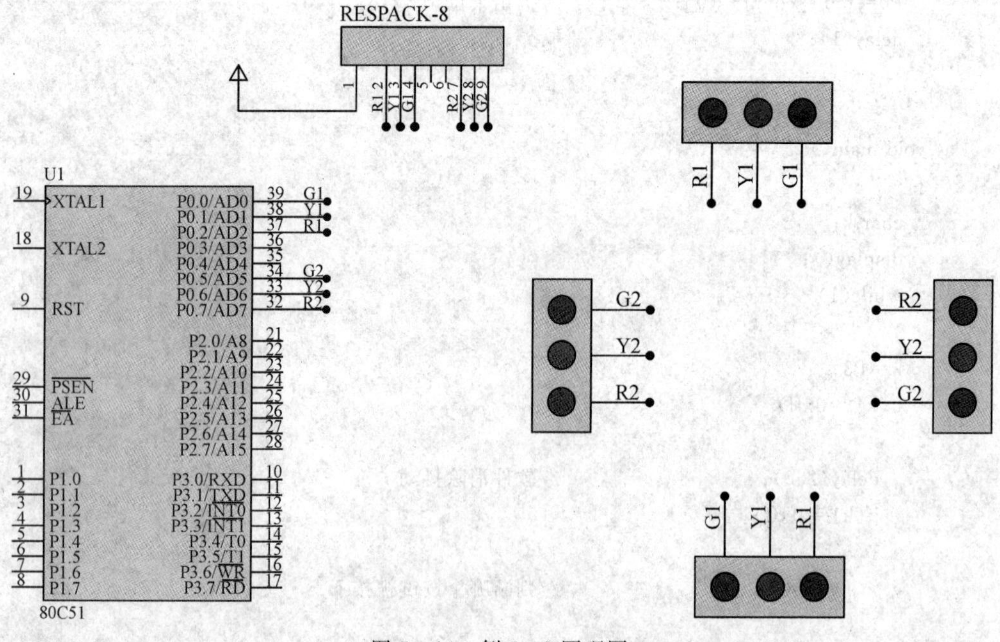

图 5-14 例 5-8 原理图

编程设计：根据题目中分析的 5 种交通状态，分别给 P0 端口的引脚不同状态值，控制 4 个方向交通灯的亮灭。

程序代码如下：

```
#include<reg51.h>

sbit r1=P0^2;                    //南和北
sbit y1=P0^1;
sbit g1=P0^0;
sbit r2=P0^7;                    //东和西
sbit y2=P0^6;
sbit g2=P0^5;

void delay()
{
  int i, j, k;
  for(i=10; i>0; i--)
    for(j=200; j>0; j--)
      for(k=230; k>0; k--);
}

void main()
{
  int i=0;
  while(1)
  {
    /*状态 0 */
    r1=1; y1=0; g1=0;            //南北红灯
    r2=1; y2=0; g2=0;            //东西红灯
    /*状态 1 */
    r1=1; y1=1; g1=0;            //南北红灯
    r2=0; y2=0; g2=1;            //东西绿灯
    for(i=0; i<5; i++)delay(); //延时
    /*状态 2 */
    r1=1; y1=0; g1=0;            //南北红灯
    r2=0; y2=1; g2=0;            //东西黄灯
    for(i=0; i<1; i++)delay();
    /*状态 3 */
    r1=0; y1=0; g1=1;            //南北绿灯
    r2=1; y2=0; g2=0;            //东西红灯
    for(i=0; i<5; i++)delay();
    /*状态 4 */
```

```
        r1=0; y1=1; g1=0;
        r2=1; y2=0; g2=0;
        for(i=0; i<1; i++)delay();
    }
}
```

【例 5-9】 采用 8×8 LED 点阵显示器显示不同图形。

硬件设计：8×8 LED 点阵显示器由 16 根行线和 16 根列线组成，把每个发光二极管放置在行列交叉点上，当对应的某一列设置为低电平、某一行设置为高电平时，该发光二极管被点亮。本例所需元器件包括单片机 80C51、8×8LED MATRIX - 8×8 - ORANGE、排阻 RESPACK - 8、按键 BUTTON、电源 POWER、地线 GROUND。

在 Proteus ISIS 中绘制原理图，如图 5-15 所示。

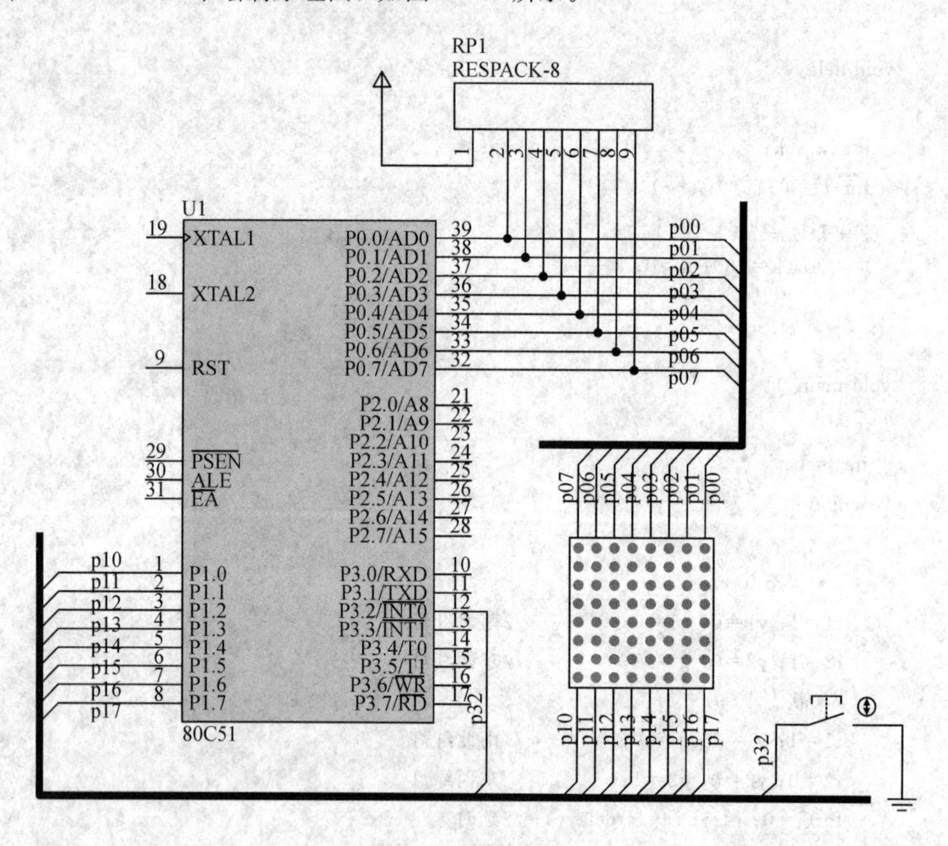

图 5-15　例 5-9 原理图

编程设计：使用一个二维数组分别表示 3 组图形的基本形状编码。判断按键是否被按下，若被按下，则依次将 3 组图形编码值赋给 8×8 的 LED 进行显示。

程序代码如下：

```
#include<reg51.h>
#include<intrins.h>
#define uchar unsigned char
#define uint unsigned int
```

```
//待显示图形编码
uchar code M[][8]=
{
  {0x00, 0x7e, 0x7e, 0x7e, 0x7e, 0x7e, 0x7e, 0x00},  //图形 1 编码
  {0x00, 0x38, 0x44, 0x54, 0x44, 0x38, 0x00, 0x00}, //图形 2 编码
  {0x00, 0x20, 0x30, 0x38, 0x3c, 0x3e, 0x00, 0x00}  //图形 3 编码
};

sbit key=P3^2;
uchar i, j;

void display()
{
  P0=0xff;                                            //输出位码和段码
  P0=~M[i][j];
  P1=_crol_(P1, 1);
  j=(j+1)%8;
}

void main()
{
  P0=0xff;
  P1=0xff;
  while(1)
  {
    if(key==0)
    {
      P0=0xff;
      P1=0x80;
      j=0;
      i=(i+1)%3;
    }
    display();
  }
}
```

本章小结

LED 数码管和键盘是 MCS-51 单片机设计中常用的输入/输出设备，本章内容着重介绍了 LED 数码管的显示技术，以及扫描查询方式在矩阵式键盘中的应用。熟练掌握其工作原理及应用在单片机的编程和设计中是非常必要的。

习 题

1. 简述7段式共阴极数码管的工作原理。

2. 简述独立式键盘和矩阵式键盘的工作原理。

3. 实现8个LED的流水灯控制。要求：第一次从两端到中间依次点亮，第二次从左自右依次点亮，最后LED间隔闪烁。

4. 设计一个4×4的键盘，使用查询方式扫描按键，如果检测到有键被按下，则点亮发光二极管，否则熄灭发光二极管。

5. 使用两位数码管实现0～99自动循环计数功能。

6. 采用共阴极动态LED显示原理，通过编程实现如图5-16所示功能：SW1向下拨时显示字符“H2”，SW1向上拨时显示字符“L4”。

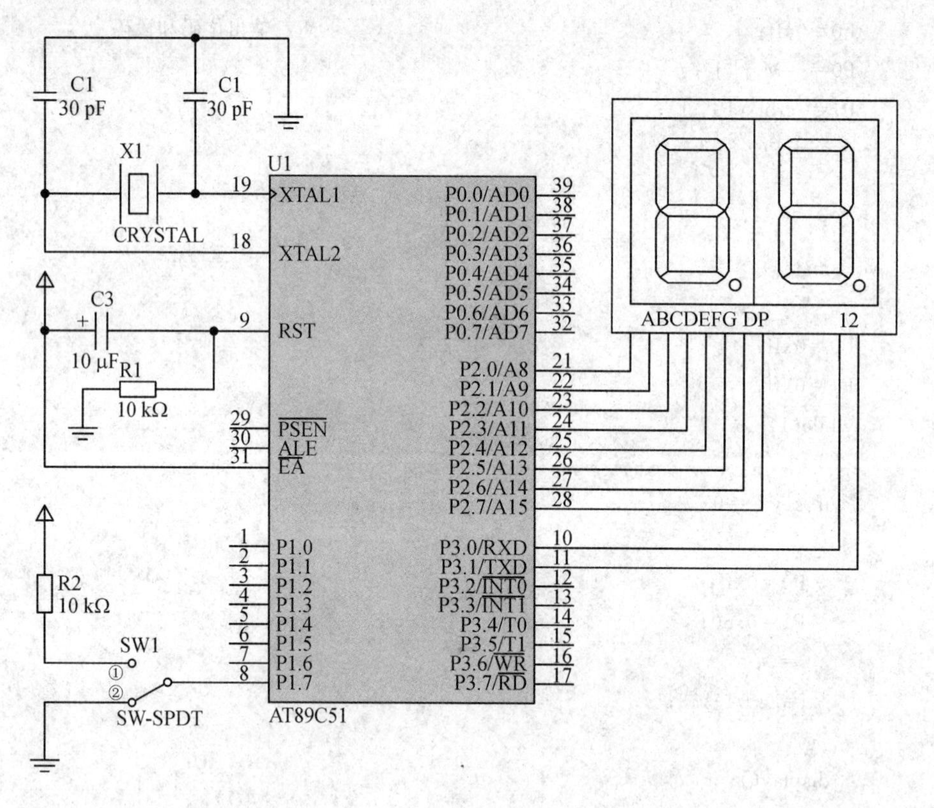

图5-16 习题6电路图

第 6 章　MCS－51 单片机的中断系统

6.1　中断的基本概念

所谓中断，就是指在进行某项事务处理的过程中停下来去处理其他事务，待其他事务处理完毕后，再返回原事务的处理。比如说，你正在电脑前收邮件，此时电话响了，你暂时停止收邮件而去接听电话，电话接听到一半时厨房里烧的水开了，你又暂停讲电话，去关煤气，关完煤气后回来继续接听电话，挂了电话继续回到电脑前收邮件。事务中断示意图如图 6－1 所示。

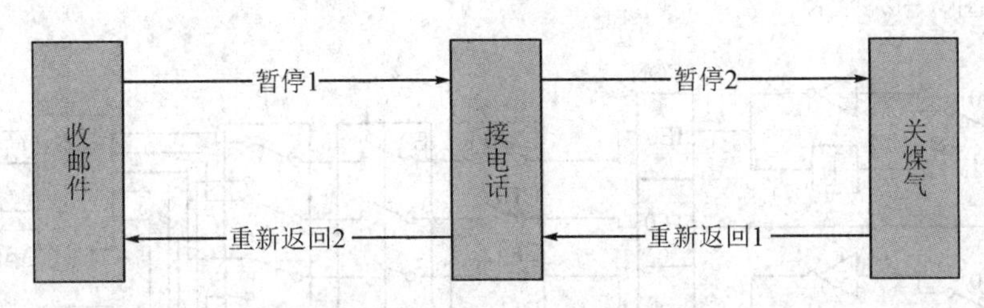

图 6－1　事务中断示意图

一个人能力有限，不可能同时进行上述三项事务的处理，只能一项一项处理，所以，当有新的事务发生时，就要暂停当前事务。单片机也一样，一个 CPU 在一个时刻只能处理一个任务，当单片机遇到新任务请求时，也需要采取中断方式，暂停当前任务去处理突发任务。单片机正是利用中断，才使 CPU 可以和其他外围设备并行工作，从而提高处理效率和利用率。

在单片机应用中使用中断方式有以下好处：

(1) 使单片机具有并发多任务处理能力，同时处理多个任务(从宏观上看，多个任务同时执行；从微观上看，一个 CPU 在一个时刻只处理一个任务)。否则，只能采用顺序处理方式，一个任务完成后再进行下一个任务的执行。

(2) 提高单片机的工作效率，当系统中的慢速设备，如键盘、数码管在工作时，单片机无需等待。

(3) 提高单片机可靠性，使单片机能及时处理系统突发故障。

6.2　MCS－51 单片机中断控制

6.2.1　五级中断源

引发中断的内部或者外部事件就是中断源。MCS－C51 单片机有 5 个固定的可屏蔽中断源，3 个在片内，定时/计数器 0、定时/计数器 1 和串行口中断。两个在片外，外部中断 $\overline{\text{INT0}}$、$\overline{\text{INT1}}$。它们在程序存储器中各有固定的中断入口地址，一起组成中断向量表，如表 6-1 所示。

表 6-1　中断源、中断源入口、中断标志位、中断源编号及优先级

中断源	中断源入口	中断标志位	中断源编号	优先级
外部中断 0($\overline{\text{INT0}}$)	0003H	IE0	0	高
定时/计数器 0(T0)	000BH	TF0	1	↓
外部中断 1($\overline{\text{INT1}}$)	0013H	IE1	2	↓
定时/计数器 1(T1)	001BH	TF1	3	↓
串行口	0023H	RI 或 TI	4	低

5 个中断源有两级中断优先级，可形成嵌套；两个特殊功能寄存器 IE(中断允许寄存器)和 IP(中断优先级寄存器)用于中断允许控制和高、低优先级控制的编程。整个中断系统的结构如图 6-2 所示。

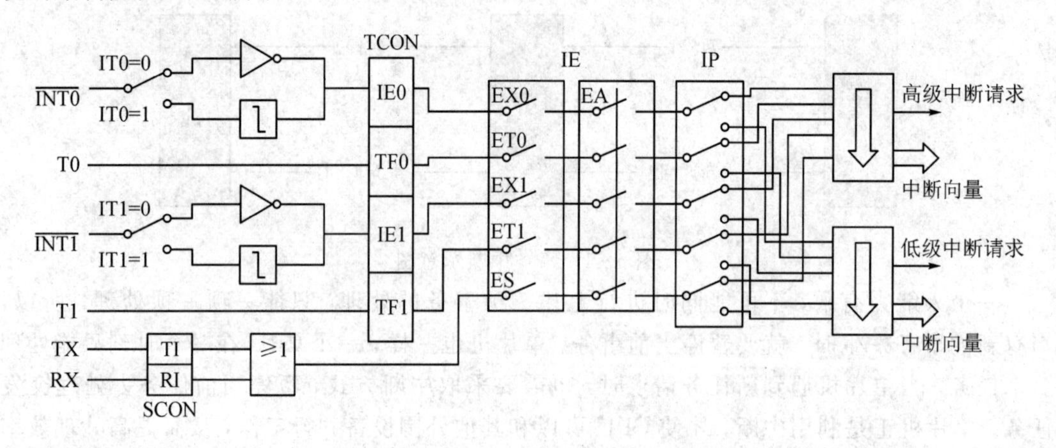

图 6-2　MCS-51 系列单片机中断系统的结构

1. 定时/计时器 0(T0)

定时/计时器 0 中断源入口为程序存储器单元 000BH，可由单片机的 P3.4 引脚触发。作为定时器使用时，统计 CPU 时钟晶振的个数；作为计数器使用时，统计 P3.4 引脚产生的脉冲个数。当定时/计数器 0 溢出时，由硬件自动置中断标志位 TF0 为 1，向 CPU 申请中断。CPU 响应中断转入中断服务程序，硬件自动将 TF0 清零。

2. 定时/计数器 1(T1)

定时/计数器 1 中断源入口为程序存储器单元 001BH，可由单片机的 P3.5 引脚触发。当定时/计数器 1 溢出时，由硬件自动置中断标志位 TF1 为 1，向 CPU 申请中断。CPU 响应中断转入中断服务程序，硬件自动将 TF1 清零。其工作方式和定时/计数器 0 相同。

3. 外部中断 0($\overline{\text{INT0}}$)

外部中断 0 中断源入口为程序存储器单元 0003H，可由单片机的 P3.2 引脚触发。当 CPU 检测到 P3.2 引脚出现低电平或者下降沿时，由硬件自动设置中断标志位 IE0 为 1，

CPU 响应中断后，硬件自动将 IE0 清零。

4. 外部中断 1($\overline{INT1}$)

外部中断 1 中断源入口为程序存储器单元 0013H，可由单片机的 P3.3 引脚触发。当 CPU 检测到 P3.3 引脚出现低电平或者下降沿时，由硬件自动设置中断标志位 IE1 为 1，CPU 响应中断后，硬件自动将 IE1 清零。

5. 串行口

串行口中断源入口为程序存储器单元 0023H，可由单片机的 P3.1 引脚触发。在串行口进行发送/接收数据时，每当发送/接收完一帧数据时，使串行口控制寄存器 SCON 中的 TI=1 或 RI=1，并向 CPU 发出串行口中断请求，CPU 响应串行口中断后转入中断服务程序执行。由于 TI 和 RI 共用一个串口中断入口，所以，必须在中断服务程序中安排一段对 TI 和 RI 中断标志位进行判断的程序，以区分是发送中断请求还是接收中断请求，从而分别转入不同的中断服务程序运行。中断服务程序响应结束后，必须使用软件清除 TI 和 RI。

5 个中断源的自然优先级由高到低的排列顺序依次为：外部中断 0→定时/计数器 0→外部中断 1→定时/计数器 1→串行口。如果不进行特殊的设置，则单片机就按照这个顺序循环检查各个中断源，优先处理高优先级中断。

6.2.2 中断寄存器

实际应用中，中断的控制是通过设置相应的中断寄存器来实现的。通过设置中断寄存器的相应位来实现中断的开启、产生、清除和关闭等操作。MCS-51 单片机中涉及的中断控制有中断请求、中断允许控制和中断优先级控制三个方面的 4 个特殊功能寄存器：

(1) 中断请求：定时和外部中断控制寄存器 TCON、串行口控制寄存器 SCON。

(2) 中断允许寄存器 IE。

(3) 中断优先级寄存器 IP。

下面分别介绍这 4 个特殊寄存器的功能。

1. 控制寄存器 TCON

TCON(Timer Control Register)——定时/计数器控制寄存器，字节地址为 88H，可以按字节寻址，也可以按位寻址。TCON 控制寄存器的格式如表 6-2 所示。

表 6-2 TCON 寄存器

B7	B6	B5	B4	B3	B2	B1	B0
TF1	TR1	TF0	TR0	IE1	IT1	IE0	IT0

TCON 寄存器既包括定时/计数器 T0、T1 溢出中断请求标志位 TF0 和 TF1，也包括两个外部中断请求的标志位 IE0 和 IE1，还包括两个外部中断请求源的中断触发方式选择位。

TCON 每一位的功能如下：

• IT0(IT1)：外部中断 0(或外部中断 1)控制位。当 IT0=1(或 IT1=1)时，外部中断 0(或外部中断 1)下降沿触发；当 IT0=0(或 IT1=0)时，外部中断 0(或外部中断 1)低电平触发。

• IE0(IE1)：外部中断0(或外部中断1)中断请求标志位。当IE0=1(或IE1=1)时，产生外部中断0(或外部中断1)请求，CPU响应中断，中断服务程序执行完后，IE0(或IE1)由硬件自动清零。

• TR0(TR1)：定时/计数器T0(或T1)控制位。当TR0=1(或TR1=0)时，启动定时器T0(或T1)；当TR0=0(或TR1=0)时，停止定时器T0(或T1)。

• TF0(TF1)：定时/计数器T0(或T1)溢出中断请求标志位。T0(或T1)启动后，由初值开始加1计数，计数满发生溢出时，由硬件置位TF0(或TF1)，向CPU发出中断请求，CPU响应中断后，TF0(或TF1)由硬件自动清零。

2. 串行口控制寄存器SCON

SCON(Serial Control Register)——串行口控制寄存器，字节地址为98H，可以按字节寻址，也可以按位寻址。SCON中最后两位锁存串口的TI和RI分别为发送中断和接收中断请求标志位。SCON控制寄存器的格式如表6-3所示。

表6-3　SCON寄存器

B7	B6	B5	B4	B3	B2	B1	B0
SM0/FE	SM1	SM2	REN	TB8	RB8	TI	RI

SCON每一位的功能如下：

• RI：串行口接收中断标志位。当串行口允许接收数据时，接收完一帧数据后，串行口向CPU发送中断请求，由硬件置位RI。中断服务程序执行完后，RI由软件清零。

• TI：串行口发送中断标志位。当串行口允许发送数据时，CPU将一帧数据写入串行口缓冲器，每发完一帧数据，由硬件置位TI。中断服务程序执行完后，TI由软件清零。

• REN：串行口允许接收标志位。当REN=1时，允许串行口接收数据；当REN=0时，禁止串行口接收数据。

无论是发送中断标志TI还是接收中断标志RI，由硬件置“1”后，都将转入串行口中断处理，但需要在中断服务程序中通过查询语句来判断是发送中断还是接收中断。中断服务响应完毕后，必须由软件对TI或者RI清零，无法由硬件完成清零操作。

3. 中断允许寄存器IE

IE(Interrupt Enable Register)——中断允许寄存器，字节地址为A8H，可以按字节寻址，也可以按位寻址。IE寄存器格式如表6-4所示。

表6-4　IE寄存器

B7	B6	B5	B4	B3	B2	B1	B0
EA	—	—	ES	ET1	EX1	ET0	EX0

IE每一位的功能如下：

• EX0：外部中断0允许控制位。当EX0=1时，允许执行外部中断0；当EX0=0时，屏蔽外部中断0。

• ET0：定时/计数器0溢出中断允许控制位。当ET0=1时，允许执行T0中断；当ET0=0时，屏蔽T0中断。

• EX1：外部中断 1 允许控制位。当 EX1＝1 时，允许执行外部中断 1；当 EX1＝0 时，屏蔽外部中断 1。

• ET1：定时/计数器 1 溢出中断允许控制位。当 ET1＝1 时，允许执行 T1 中断；当 ET1＝0 时，屏蔽 T1 中断。

• ES：串行口中断允许控制位。当 ES＝1 时，允许串行口中断；当 ES＝0 时，屏蔽串行口中断。

• EA：总中断允许标志位（总允许位）。当 EA＝1 时，开单片机中断，允许中断响应；当 EA＝0 时，屏蔽单片机所有中断。

IE 对中断开放和关闭实现两级控制。默认情况下，所有中断请求是禁止的。IE 与各个中断源响应的位用指令置"1"或置"0"，即可允许或禁止各中断源的中断请求。若某个中断源被允许，则需要将 EA 和 IE 分别置"1"。

4. 中断优先级寄存器 IP

IP(Interrupt Priority Register)——中断优先级寄存器，字节地址为 B8H，可以按字节寻址，也可以按位寻址。格式如表 6 - 5 所示。

表 6 - 5　IP 寄存器

B7	B6	B5	B4	B3	B2	B1	B0
—	—	—	PS	PT1	PX1	PT0	PX0

IP 每一位的功能如下：

• PX0：外部中断 0 优先级控制位。当 PX0＝1 时，外部中断 0 为高优先级；当 PX0＝0 时，外部中断 0 为低优先级。

• PT0：定时/计数器 T0 优先级控制位。当 PT0＝1 时，T0 为高优先级；当 PT0＝0 时，T0 为低优先级。

• PX1：外部中断 1 优先级控制位。当 PX1＝1 时，外部中断 1 为高优先级；当 PX1＝0 时，外部中断 1 为低优先级。

• PT1：定时/计数器 T1 优先级控制位。当 PT1＝1 时，T1 为高优先级；当 PT1＝0 时，T1 为低优先级。

• PS：串行口中断优先级控制位。当 PS＝1 时，串行口中断为高优先级；当 PS＝0 时，串行口中断为低优先级。

注意：当 5 个中断源同时产生中断时，若未使用中断优先级寄存器 IP 进行设定，则默认采用中断源的自然优先级。

6.3　MCS - 51 单片机中断处理过程

MCS - 51 单片机中断处理过程主要包括中断请求、中断响应、中断服务及中断返回 4 大过程。其中，将引起中断请求的各种来源称为中断源，中断请求由中断源发出，希望 CPU 及时为其提供指定服务，这个过程会在程序执行过程中形成断点；中断响应是指 CPU 接受中断源的请求，同意为其提供指定的服务；中断服务是指 CPU 执行该中断源指定的服务程序；中断返回是指CPU执行完中断服务程序后返回断点处继续执行主程序。中断过程处理图如图6-3所示。

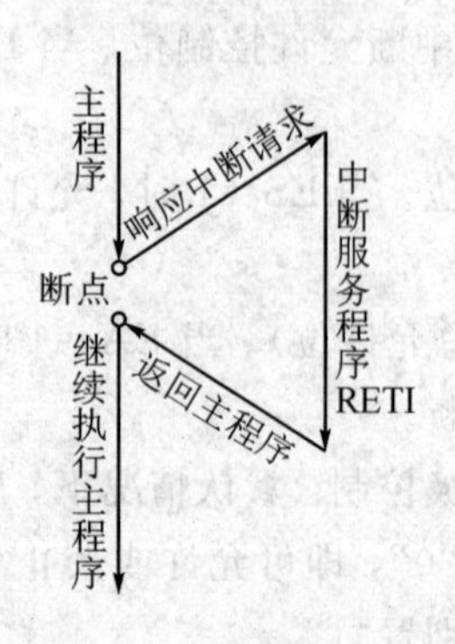

图6-3 中断过程处理图

由图6-3可知，在程序运行过程中，若出现响应中断请求，则CPU响应中断的过程可以分为以下几个步骤：

(1) 停止主程序执行。

(2) 保护断点。把程序计数器PC中的当前指令地址压入栈中，保存断点地址。

(3) 寻找中断服务程序入口。

(4) 执行中断服务程序。

(5) 返回断点处继续执行主程序。

【例6-1】 利用中断控制LED灯亮灭。初始状态下，LED处于亮状态，当出现中断源时，LED灭。实验原理图如图6-4所示。

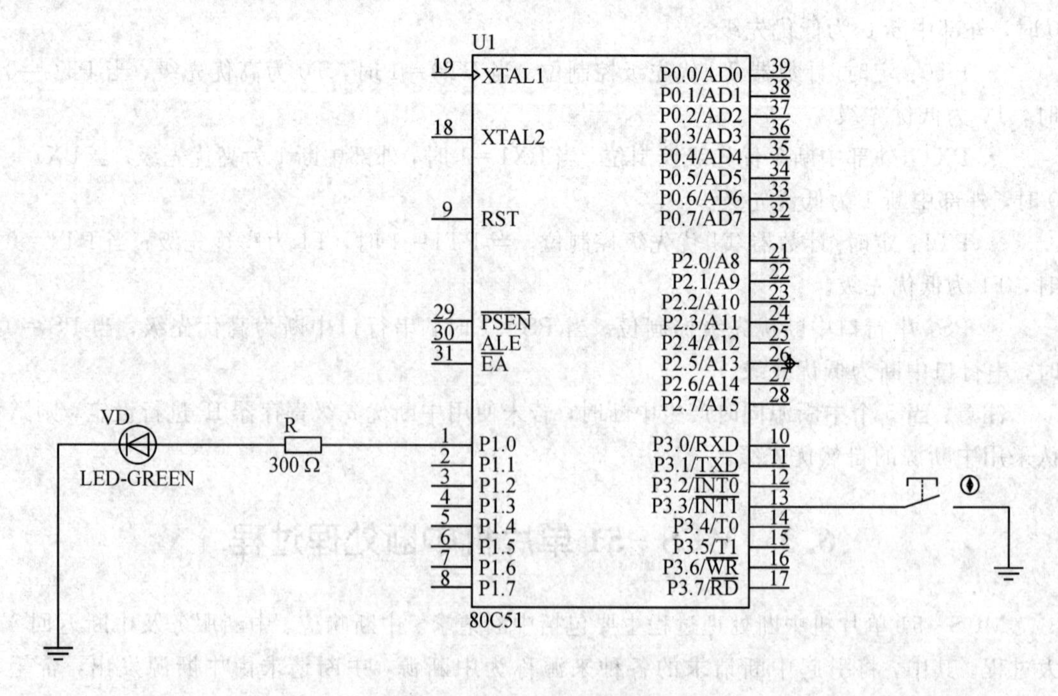

图6-4 例6-1原理图

程序代码如下：

```
#include <reg51.h>
sbit led=P1^0;

void delay(int ms)
{
  int i, j;
  for(i=100; i>0; i--)
    for(j=ms; j>0; j--);
}

void ledcontrol()interrupt 2
{
  led=0;
  delay(500);
}

void main()
{
  int i;
  EA=1;
  EX1=1;
  IT1=0;
  while(1)
  {
    led=1;
  }
}
```

说明：本程序通过一个 BUTTON 控制中断源，当按下按键即发出中断请求。CPU 首先开始执行主程序 main()，在 main()函数中进行中断源初始化，然后一直执行“led=1”语句，确保 led 一直处于点亮状态。若按下按键，外部中断源发出中断响应请求，则 CPU 停止当前语句的执行，在“led=1”这条语句处形成一个断点，转而寻找中断服务函数的入口，即“void ledcontrol()interrupt 2”语句，找到入口后执行该函数体语句，使 led 灭，延时一小段时间。中断服务函数处理完毕后，CPU 继续返回断点处，即返回“led=1”语句处继续执行，则 led 被重新点亮。

6.3.1　中断源初始化

中断初始化应在产生中断请求前进行，通常放在主函数中。一般按照以下步骤对中断源进行初始化：

(1) 开启总中断允许标志位 EA=1。

(2) 开启相应中断源的中断允许标志位。

(3) 如果存在多级中断，则设置中断源的优先级。

(4) 设置中断的触发方式。如果是外部中断，则需要指定是边沿触发还是低电平触发；如果是定时/计数器，则需要指定其工作方式是定时还是计数。

6.3.2　中断服务函数

完成中断源初始化后，就可以编写中断服务函数。中断服务函数的调用与标准C的调用不一样，当中断事件发生后，对应的中断函数会被CPU自动调用。

编写中断服务函数的语法格式为：

```
void 中断函数名(void)interrupt n [using n]
{
    函数体
}
```

关键字interrupt后面的n是中断源编号，取值为0～4，编译器从8n+3处产生中断向量入口(具体如表6-1)。关键字using后面的n用来选择4个工作区中的某一个。using是一个可选项，如不写，则中断函数中所有工作寄存器的内容将被保存到堆栈中。

编写中断服务函数需要注意以下几点：

(1) 中断服务函数无返回值。如果定义了一个返回值，那么将会得到不正确的结果，所以一般将中断服务函数定义为void类型。

(2) 中断服务函数不能进行参数传递，即无形参。中断服务函数中包含任何参数的声明都将导致编译出错。

(3) 中断源编号必须与指定的中断请求相对应。

(4) 在任何情况下都不得显式调用中断函数，否则会产生编译错误。

6.3.3　中断响应

当然，CPU并不是在任何情况下都可以响应中断的，中断的响应必须满足以下3个条件：

(1) 必须开放CPU的中断，即设置中断允许标志位EA=1。

(2) 必须有中断源提出相应的中断请求。

(3) 申请中断的中断源相应的中断允许标志位为1。例如，外部中断0申请中断，则EX0=1。

只有同时满足上述中断响应的条件，才能进入中断响应。中断响应过程由硬件自动生成一条调用指令，即进入存储区中相应的中断入口地址。

6.3.4　中断请求的撤销

CPU响应中断后，必须先将当前的中断请求撤销，将相应的中断标志位清零，然后再返回程序断点处继续执行。

对于边沿触发方式请求的外部中断0、1，中断响应完毕后，CPU采用硬件方式自动将IE0、IE1清零。中断请求信号撤销后，由于跳边沿信号也消失了，所以边沿触发方式的外部中断请求也是自动撤销的。对于电平方式请求的外部中断0、1，中断请求标志由CPU

采用硬件自动清零后，中断请求的低电平信号可能继续存在，在以后的机器周期采样时，又会把已经清零的 IE0、IE1 重新置“1”。要彻底解决电平方式下外部中断请求的撤销，除清除标志位外，还需要在中断响应结束后，把中断请求信号输入引脚从低电平强制改为高电平。

对于定时/计数器 T0、T1，中断响应完毕后，CPU 采用硬件方式自动将 TF0、TF1 清零，因此，定时/计数器 T0、T1 中断请求是自动撤销的。

串行口中断的标志位是 TI 和 RI，CPU 无法对这两个中断标志自动清零。因为 CPU 无法知道是接收中断还是发送中断，所以，需要进行判断后使用软件方法在中断服务函数中将 TI 和 RI 清零。

6.4　中断嵌套

若同一时刻有两个中断同时提出中断请求，或一个中断正在处理过程中，另外一个中断又发生了，这时 CPU 该如何处理呢？遇到这种情况，就需要用到中断优先级排队和中断嵌套。图 6－5 所示为中断嵌套示意图。同一时刻有两个中断同时提出中断请求，CPU 会按照中断源的优先级逐个响应各个中断源。在一个中断处理过程中，又出现另一个新中断时，CPU 判断其优先级，若新中断低于当前中断优先级，则继续保持当前中断的执行，处理完毕后，再响应新中断；若新中断高于当前中断优先级，则当前中断服务程序产生新断点，转而执行新中断服务程序，处理完毕后，返回上一步断点继续执行。

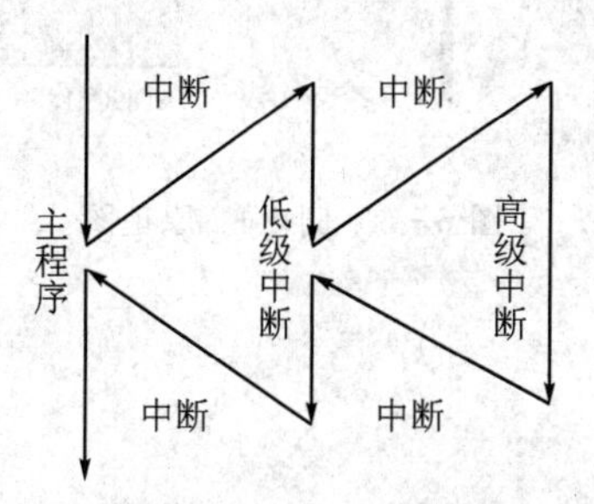

图 6－5　中断嵌套示意图

各中断源的中断优先级关系可以归纳为以下 3 条基本规则：

(1) 低优先级可被高优先级中断，高优先级不能被低优先级中断。

(2) 任何一个中断(不管是高优先级还是低优先级)一旦得到响应，就不会再被其他同级中断源所打断。

(3) 同时收到几个同优先级的中断请求，优先响应哪个中断源取决于内部查询顺序。即外部中断 0→定时/计数器 0→外部中断 1→定时/计数器 1→串行口中断。

6.5　中断应用举例

【例 6－2】　通过按下按键触发外部中断 0，改变 8 个发光二极管的亮灭，第一次按下按键，VD1 亮；第二次按下按键，VD2 亮，……，以此类推。

硬件设计：P1 端口接 8 个 LED，按键接 P3.2 引脚，按下按键触发外部中断 0。本例所需元器件包括单片机 89C51、按键 BUTTON、LED－YELLOW、地线 GROUND。

在 Proteus ISIS 中绘制原理图，如图 6-6 所示。

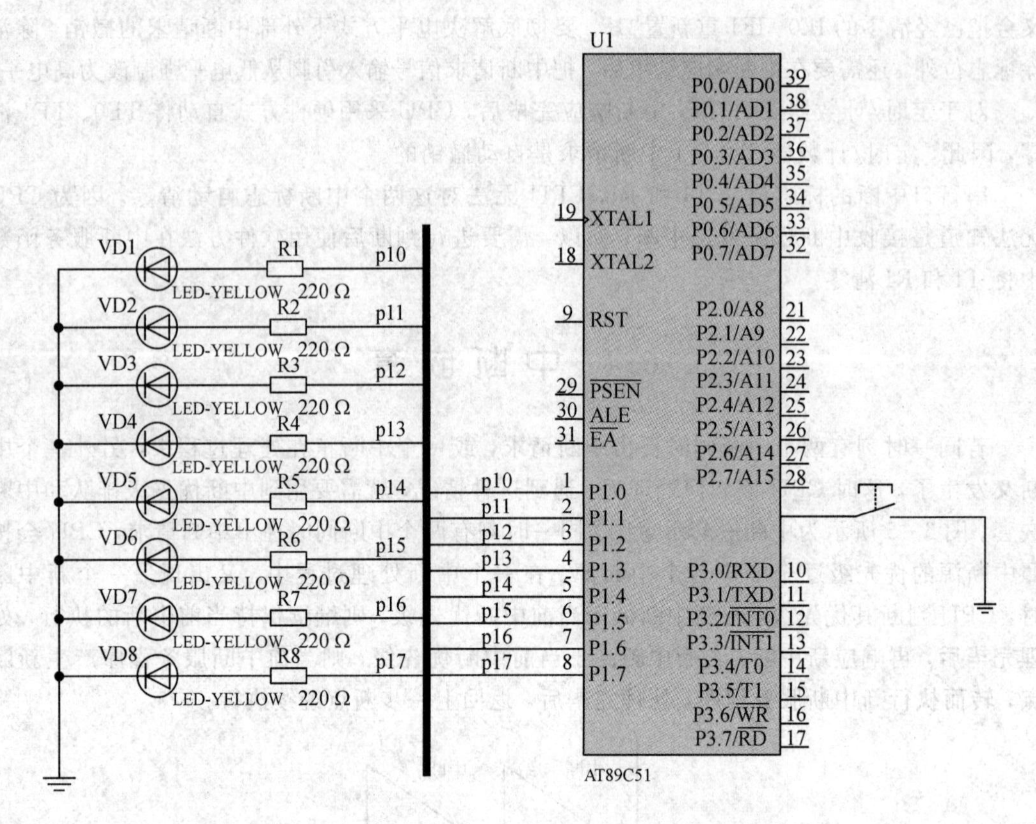

图 6-6　例 6-2 原理图

编程设计：

```
#include<reg51.h>
char key;
void main()
{
  P1=0X00;
  IT0=1;
  EA=1;
  EX0=1;                    //中断初始化
  while(1)
  {
    switch (key)
    {
      case 1：P1=0X01；break；
      case 2：P1=0X02；break；
      case 3：P1=0X04；break；
      case 4：P1=0X08；break；
      case 5：P1=0X10；break；
      case 6：P1=0X20；break；
```

```
            case 7：P1＝0X40；break；
            case 8：P1＝0X80；break；
        }
    }
}

void inter0() interrupt 0        //外部中断 0 中断服务函数
{
    key++；
    if(key==9)key=1；
}
```

【例 6－3】 使用中断机制控制两位数码管的计数和清零，当计数值达到 100 时，清零重新开始显示。

硬件设计：P1、P2 分别接段式数码管，控制两位数字的显示。计数按键接 P3.2 引脚，按下按键触发外部中断 0，每执行一次中断，数码管计数值加 1；清零按键接 P3.3 引脚，按下按键触发外部中断 1，每执行一次中断，数码管清零。本例所需元器件包括单片机 80C51、按键 BUTTON、7 段式数码管 7SEG－COM－CAT－BLUE。

在 Proteus ISIS 中绘制原理图，如图 6－7 所示。

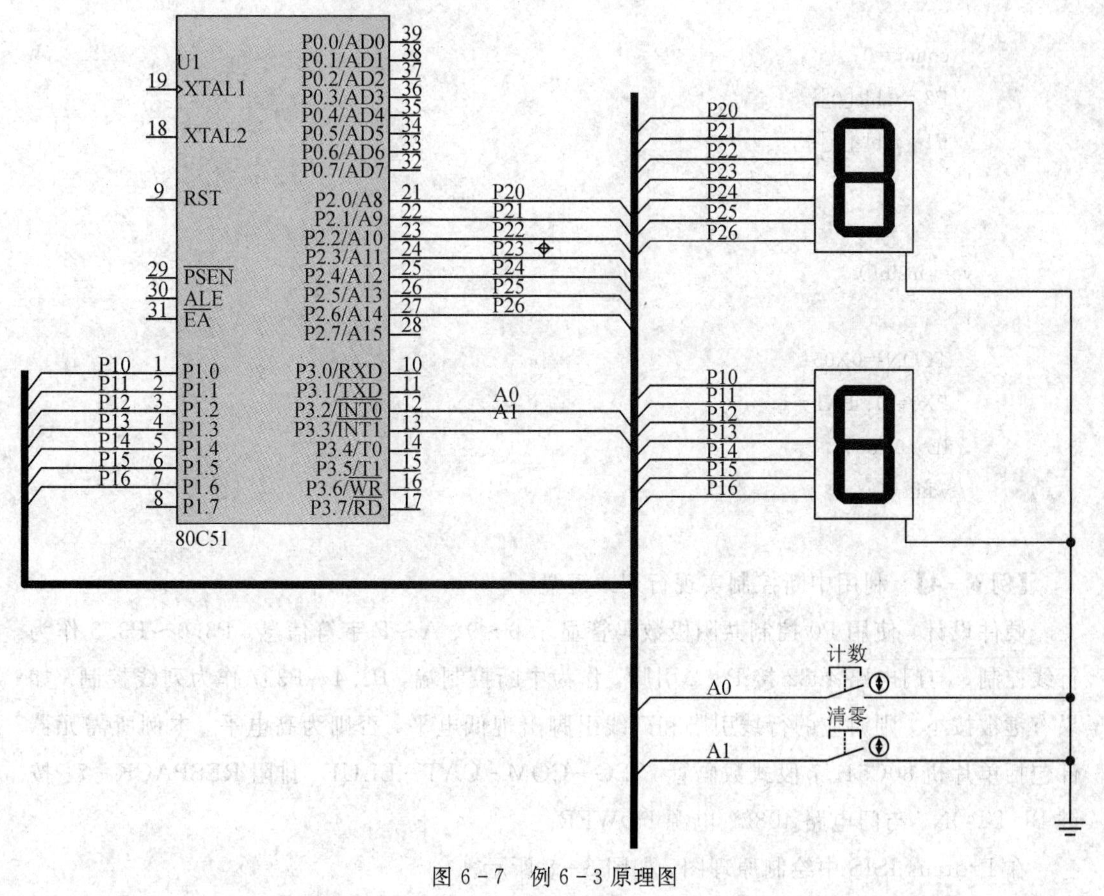

图 6－7　例 6－3 原理图

编程设计：

```
#include<reg51.h>

char table[]={0x3f, 0x06, 0x5b, 0x4f, 0x66, 0x6d, 0x7d, 0x07, 0x7f, 0x6f, 0x77, 0x7c,
0x39, 0x5e, 0x79, 0x71};
int count=0;

void jishu()interrupt 0
{
  count++;
  if(count==100)count=0;
  P2=table[count/10];
  P1=table[count%10];
}

void qingling()interrupt 2
{
  count=0;
  P2=table[0];
  P1=table[0];
}

void main()
{
  TCON=0X05;
  PX0=0; PX1=1;
  IE=0X85;
  while(1){ }
}
```

【例 6-4】 利用中断控制实现行列式键盘。

硬件设计：使用 P0 控制共阴极数码管显示 0～9、A～F 字符信息。P3.0～P3.3 作为行线控制，与门电路 4082 接 P3.2 引脚，作为中断控制端，P3.4～P3.7 作为列线控制。如果有键被按下，则对应的行线引脚和列线引脚出现低电平，否则为高电平。本例所需元器件包括单片机 80C51、7 段式数码管 7SEG-COM-CAT-BLUE、排阻 RESPACK-7、按键 BUTTON、与门电路 4082、电源 POWER。

在 Proteus ISIS 中绘制原理图，如图 6-8 所示。

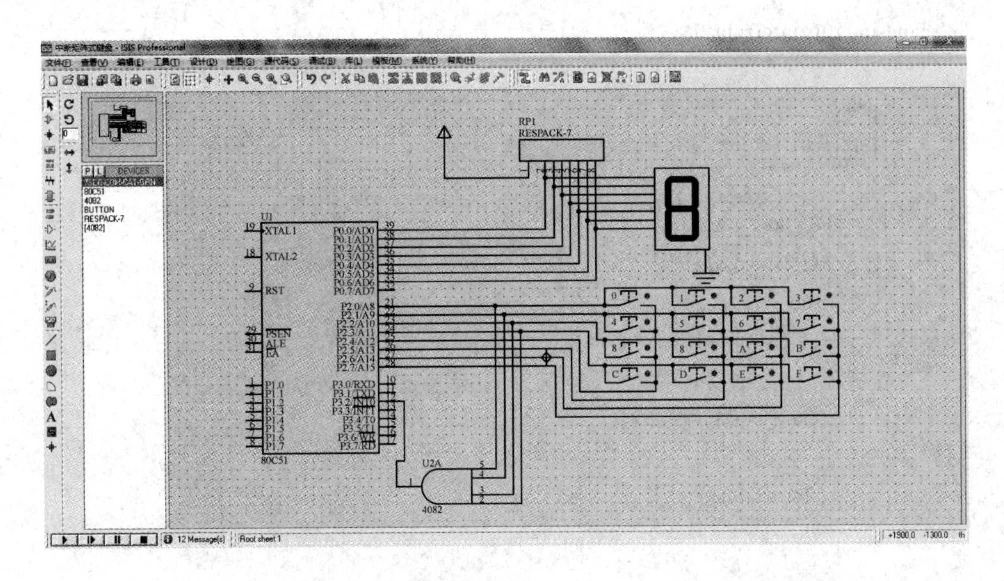

图 6－8　例 6－4 原理图

编程设计：

```
#include<reg52.h>

#define uchar unsigned char
#define uint unsigned int

uchar key_scan[]={0xfe, 0xfd, 0xfb, 0xf7};

uchar key_buf[]={0xee, 0xde, 0xbe, 0x7e,
                 0xed, 0xdd, 0xbd, 0x7d,
                 0xeb, 0xdb, 0xbb, 0x7b,
                 0xe7, 0xd7, 0xb7, 0x77
                 };
uchar table[]={0x3f, 0x06, 0x5b, 0x4f, 0x66, 0x6d, 0x7d, 0x07, 0x7f, 0x6f, 0x77, 0x7c,
0x39, 0x5e, 0x79, 0x71};
void main()
{
  P0=0X00;                  //数码管一开始黑屏什么都不显示
  EA=1;
  EX0=1;
  IT0=1;
  while(1)
  {
    P2=0X0F;
  }
}
```

```
void inter0()interrupt 0
{
    uchar i, j;
    for(i=0; i<=3; i++)
    {
        P2=key_scan[i];
        if(P2!=0xff)
        {
        for(j=0; j<=15; j++)
        {
            if(key_buf[j]==P2)
            {
                P0=table[j];
                break;
            }
        }
        }
    }
}
```

【例6-5】 根据图6-9所示的电路图，编程验证两级外部中断嵌套效果。其中，B1为低优先级中断源，B2为高优先级中断源。

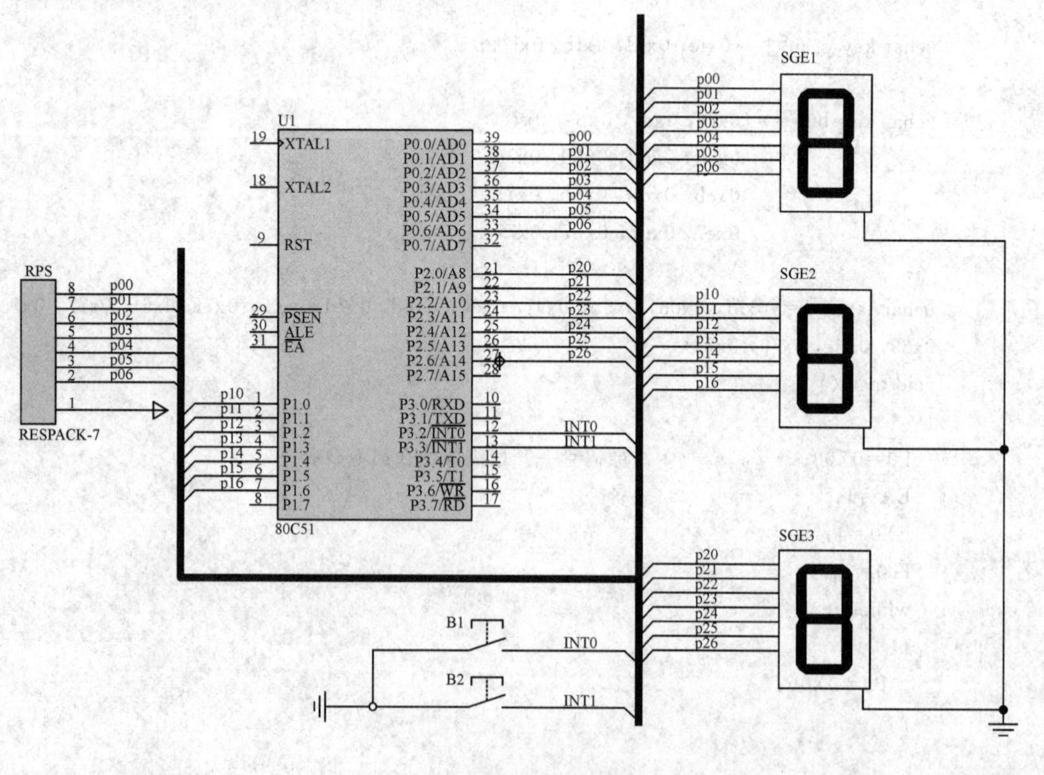

图6-9　例6-5原理图

硬件设计：本例使用三个 7 段式数码管 SEG1～SEG3 进行 0～9 循环显示。其中，在主程序中使用 SEG1 数码管进行循环计数显示；按下 B1、B2 在中断函数中使用 SEG2、SEG3 进行单圈计数显示。由于 B1 接 P3.2 引脚，B2 接 P3.3 引脚，故 B1 的自然优先级高于 B2，若要修改 B1、B2 的优先级，则需要对 IP 寄存器进行设置，使 B2 优先级高于 B1。本例所需元器件包括单片机 80C51、7 段式数码管 7SEG－COM－CAT－BLUE、排阻 RESPACK－7、按键 BUTTON、电源 POWER、地线 GROUND。

Proteus 中的仿真效果应该为：当没有按下 B1、B2 按键时，主程序中 SGE1 循环进行计数；当按下按键 B1 时，CPU 执行 B1 中断服务函数，在主程序中形成断点 1；在 CPU 执行 B1 中断服务函数的过程中，若按下 B2，由于 B2 优先级高于 B1，故在 B1 中断服务函数中形成断点 2，CPU 转而处理 B2 中断服务函数。当 B2 中断服务函数执行完毕后，CPU 返回断点 2 继续执行，当 B1 中断服务函数处理完毕后，CPU 返回断点 1 继续执行。

在 Proteus ISIS 中绘制原理图，如图 6－9 所示。

编程设计：

```
#include <reg51.h>
char table[]={0x3f, 0x06, 0x5b, 0x4f, 0x66, 0x6d, 0x7d, 0x07, 0x7f, 0x6f};  //数码管字模

void delay(int ms)
{
int j;
    for(; ms>0; ms--)
    for(j=125; j>0; j--);
}

void button1()interrupt 0              //B1 中断服务函数
{
  int i;
  for(i=0; i<=9; i++)
  {
    P1=table[i];
    delay(100);
  }
}


void button2()interrupt 2              //B2 中断服务函数
{
  int i;
  for(i=0; i<=9; i++)
  {
    P2=table[i];
    delay(100);
  }
```

```
    }
    void main()                          //主函数
    {
        int i;
        IE=0X85;                         //允许中断
        TCON=0X05;                       //设置 P3.2、P3.3 中断触发方式为低电平有效
        PX0=0; PX1=1;                    //修改 INT0、INT1 优先级，使 INT1 优先级高于 INT0
        P1=0X40;                         //设置 SEG2 初始状态
        P2=0X40;                         //设置 SEG3 初始状态
        while(1)
        {
          for(i=0; i<=9; i++)
          {
            P0=table[i];
            delay(100);
          }
        }
    }
```

本章小结

本章首先介绍了中断的定义及 MCS-51 单片机常用的五级中断源及中断控制寄存器，然后详细讲解了单片机中断处理的过程。结合第 5 章的应用实例，进一步强化了对中断的讲解。

中断是单片机中非常基础也是很重要的概念，合理利用中断控制机制，能够实现很多复杂的应用，提高单片机的工作效率。

习　题

1. 简述什么是中断、中断源、中断嵌套。
2. C51 单片机有哪五级中断源，其中断向量地址分别为多少？
3. C51 单片机中断响应的条件是什么？如何响应？
4. 什么是中断嵌套？中断嵌套优先级的原则是什么？
5. 编写程序实现外部中断源 1 为下降沿触发的初始化。
6. MCS-51 系列单片机只有两个外部中断源，若要将其扩展为 4 个外部中断源，请画出硬件设计线路图，并说明如何确定优先级。

第 7 章　单片机的定时/计数器

MCS－51 单片机内部有两个 16 位可编程定时/计数器，即定时/计数器 T0 和定时/计数器 T1。它们既可用作定时器，又可用作计数器，可编程设定 4 种不同的工作方式。

7.1　定时/计数器的结构

7.1.1　定时/计数器的工作原理

T0 和 T1 都具有定时器和计数器两种工作模式，无论是工作在定时器模式还是计数器模式下，实质上都是对脉冲信号进行计数，只不过是计数信号的来源不同而已。计数器模式对加在 T0(P3.4)和 T1(P3.5)两个引脚的外部脉冲计数，而定时器模式对单片机的系统时钟信号经过内 12 分频后的内部脉冲信号(机器周期)计数。由于系统时钟频率是定值，所以可根据计数值计算出定时时间。两个定时/计数器属于增 1 计数器，即每计一个脉冲，计数器增加 1。

如图 7－1 所示，来自系统内部振荡器经 12 分频后的脉冲信号和来自外部引脚 TX(T0 或 T1)的脉冲信号，通过逻辑开关 $C/\overline{T}$ 的切换可实现两种功能：$C/\overline{T}=0$ 时为定时器方式；$C/\overline{T}=1$ 时为计数器方式。

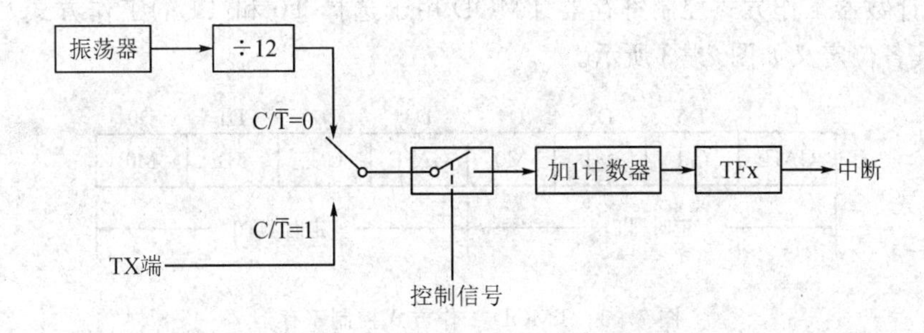

图 7－1　定时/计数器的工作原理

当控制信号开关闭合后，脉冲信号将对加 1 计数器充值，计数器数值计满后将产生溢出，使中断请求标志置“1”，同时计数器清零。

7.1.2　定时/计数器的结构

如图 7－2 所示，T0 和 T1 分别由高 8 位和低 8 位两个特殊功能寄存器组成，即 T0 由 TH0(字节地址为 8CH)和 TL0(字节地址为 8AH)组成，T1 由 TH1(字节地址为 8DH)和 TL1(字节地址为 8BH)组成。

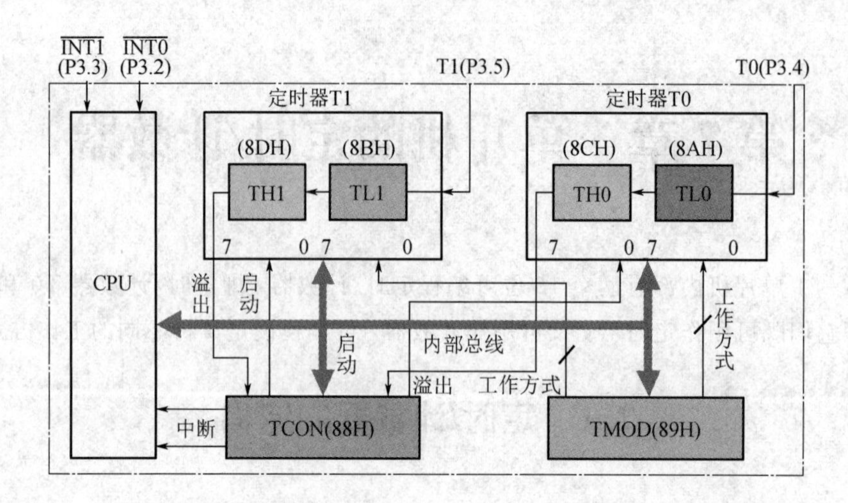

图 7-2　定时/计数器的结构图

定时/计数器的控制是通过两个特殊功能寄存器 TMOD 和 TCON 实现的，其中 TMOD 是定时/计数器的工作方式寄存器，用来确定定时/计数器的工作方式和功能，TCON 是定时/计数器的控制寄存器，用来管理 T0 和 T1 的启动、溢出和中断。

定时/计数器 0 和定时/计数器 1 各有一个外部引脚 T0(P3.4)和 T1(P3.5)，用来接入外部计数脉冲信号。

7.2　定时/计数器的控制

7.2.1　TMOD 寄存器

定时/计数器工作方式控制寄存器 TMOD 用于选择 T0 和 T1 的工作方式，字节地址为 89H，其各位定义如图 7-3 所示。

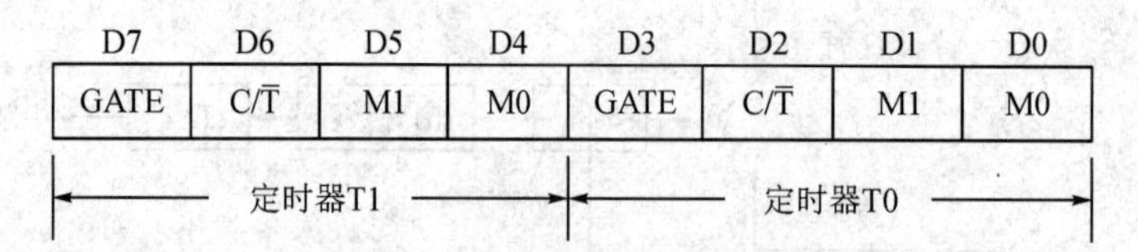

D7	D6	D5	D4	D3	D2	D1	D0
GATE	$C/\overline{T}$	M1	M0	GATE	$C/\overline{T}$	M1	M0
定时器T1				定时器T0			

图 7-3　TMOD 工作方式控制寄存器

TMOD 寄存器各位功能如下：

• GATE：门控位，用以决定是由软件还是硬件启动/停止计数。GATE＝0，$\overline{INT0}$/$\overline{INT1}$被封锁，只要用软件对 TR0(或 TR1)置“1”就启动了定时器。GATE＝1，定时/计数器的计数受外部引脚输入电平的控制。在 TR0(或 TR1)置“1”时，若$\overline{INT0}$(或$\overline{INT1}$)引脚为高电平，则启动定时器计数；若$\overline{INT0}$(或$\overline{INT1}$)引脚为低电平，则停止计数。

• $C/\overline{T}$：计数/定时功能选择位。$C/\overline{T}=0$ 为定时方式，$C/\overline{T}=1$ 为计数方式。在定时方式时，定时器从初值开始在每个机器周期内自动加 1，直至溢出。而在计数方式时，计数器在外部脉冲信号的负跳变时使计数器加 1，直至溢出。

• M1、M0：工作方式控制位，可构成以下 4 种工作方式，如表 7－1 所示。

表 7－1　TMOD 工作方式控制位

M1	M0	工作方式	说　明
0	0	0	13 位计数器
0	1	1	16 位计数器
1	0	2	可自动再装载的计数器
1	1	3	将 T0 分成两个独立的 8 位计数器，T1 是关闭状态

TMOD 的所有位在复位后清零。

注意：TMOD 不能按位寻址，只能按字节设置工作方式。

7.2.2　TCON 寄存器

定时/计数器控制寄存器 TCON 的高 4 位用于控制定时器的启动、停止以及标明定时器的溢出和中断情况，TCON 的低 4 位用于两个外部中断源控制，字节地址为 88H，可位寻址，各位的含义如图 7－4 所示。

8FH	8EH	8DH	8CH	8BH	8AH	89H	88H
TF1	TR1	TF0	TR0	IE1	IT1	IE0	IT0

图 7－4　TCON 控制寄存器

TCON 寄存器各位功能如下：

• TF1：定时器 1 溢出标志。T1 溢出时由硬件置“1”，并申请中断，CPU 响应中断后，又由硬件清零。TF1 也可由软件清零。

• TR1：定时器 1 运行控制位，可由软件置“1”或清零来启动或停止 T1。

• TF0：定时器 0 溢出标志，功能与 TF1 相同。

• TR0：定时器 0 运行控制位，功能与 TR1 相同。

• IE1：外部中断 1 请求标志。

• IE0：外部中断 0 请求标志。

• IT1：外部中断 1 触发方式选择位。

• IT0：外部中断 0 触发方式选择位。

TCON 中的低 4 位用于中断工作方式，在中断的章节中已详细介绍过。单片机复位后，TCON 中的各位均为 0。

7.3　定时/计数器的工作方式

1. 工作方式 0——13 位计数器

T0 在工作方式 0 下的逻辑结构如图 7－5 所示。在这种工作方式下，16 位的计数器(TH0 和 TL0)只用了 13 位，从而构成 13 位定时/计数器。TL0 的高 3 位未用，当 TL0 的低 5 位计满时，向 TH0 进位，而 TH0 溢出后对中断标志位 TF0 置“1”，并申请中断。T0

是否溢出可用软件查询 TF0 是否为 1。

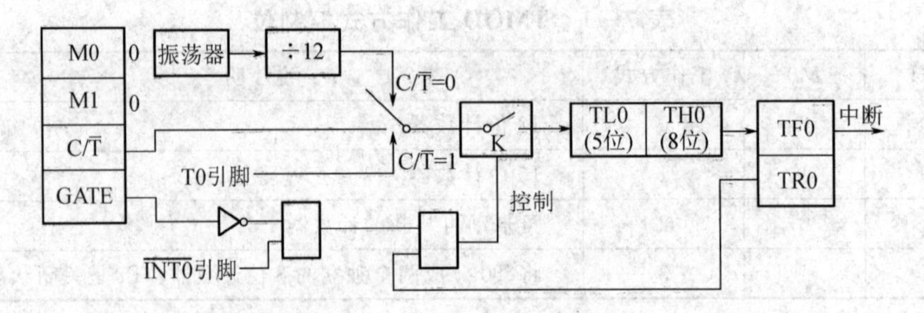

图 7-5　工作方式 0 的逻辑结构

当 C/$\overline{T}$=0 时，多路开关打到上位，定时/计数器的输入端接内部振荡器的 12 分频，即工作在定时方式下，每个计数脉冲的周期等于机器周期，当定时/计数器溢出时，其定时时间为

$$t = \text{计数次数} \times \text{机器周期} = (2^{13} - \text{T0 初值}) \times \text{机器周期}$$

当 C/$\overline{T}$=1 时，多路开关打到下位，定时/计数器接外部 T0 引脚输入信号，即工作在计数方式下；当外部输入信号电平发生从“1”到“0”跳变时，计数器加 1。

2. 工作方式 1——16 位计数器

T0 在工作方式 1 下的逻辑结构如图 7-6 所示。它与工作方式 0 的差别仅在于工作方式 1 是以 16 位计数器计数的，其定时时间为

$$t = \text{计数次数} \times \text{机器周期} = (2^{16} - \text{T0 初值}) \times \text{机器周期}$$

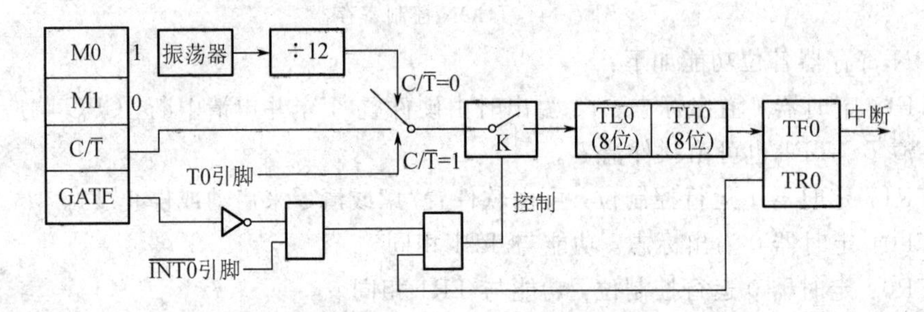

图 7-6　工作方式 1 的逻辑结构

3. 工作方式 2——8 位自动重装初值计数器

T0 在工作方式 2 下的逻辑结构如图 7-7 所示。TL0 用作 8 位计数器，TH0 用来保存初值，每当 TL0 计满溢出时，硬件自动将 TH0 中的值装入 TL0 中。工作方式 2 的定时时间为

$$t = \text{计数次数} \times \text{机器周期} = (2^{8} - \text{T0 初值}) \times \text{机器周期}$$

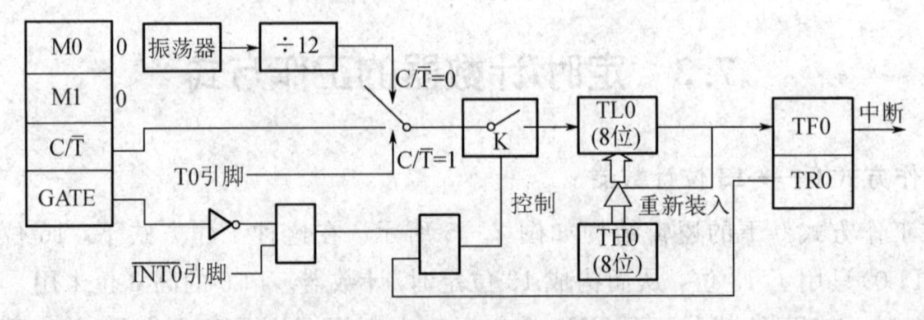

图 7-7　工作方式 2 的逻辑结构

4. 工作方式 3——2 个独立 8 位计数器

工作方式 3 的逻辑结构如图 7-8 所示。该工作方式只适用于定时/计数器 T0。T0 在工作方式 3 下被拆成两个相互独立的计数器，其中 TL0 使用原 T0 的各控制位、引脚和中断源，如 C/T̄、GATE、TR0 和 TF0。而 TH0 则只能作为定时器使用，但它占用了 T1 的 TR1 和 TF1，即占用了 T1 的中断标志和运行控制位。

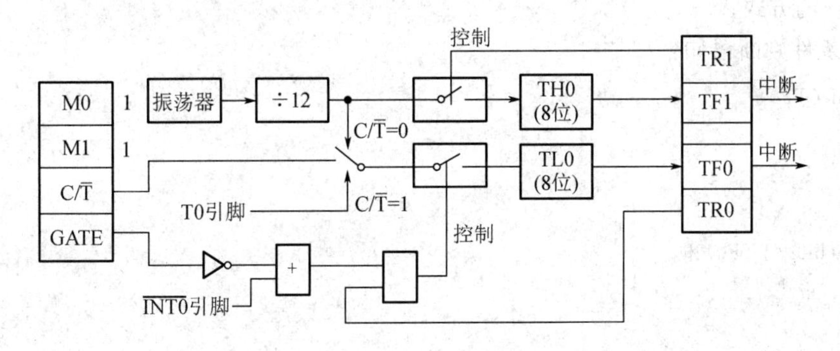

图 7-8　工作方式 3 的逻辑结构

一般在系统需增加一个额外的 8 位定时器时，T0 可设置为工作方式 3，此时 T1 虽然可定义为工作方式 0、工作方式 1 和工作方式 2，但只能用在不需中断控制的场合。

7.4　定时/计数器编程步骤

1. 设置 TMOD 工作方式字

(1) 确定定时/计数器由软件或硬件启动；

(2) 确定 T0 或 T1 工作；

(3) 确定定时模式或计数模式；

(4) 确定定时/计数器工作在方式 0、方式 1、方式 2 或方式 3。

2. 初值计算

当定时/计数器工作于定时状态时，对机器周期进行计数，设单片机的晶振频率为 f_{osc}，则一个机器周期为：

$$T = \frac{12}{f_{osc}}$$

若定时时间为 t，则对应的计数次数为

$$N = \frac{t}{\text{机器周期}}$$

由于 MCS-51 单片机的定时/计数器是加 1 计数器，计满回零，故对应定时时间 t 应装入的计数初值 a 为 $2^n - N$（n 为工作方式选择所确定的定时器位数）。

3. 确定采用何种方式处理溢出结果

(1) 中断方式。

中断初始化：

```
ET0 = 1;
```

```
    EA = 1;
```

中断函数：

```
    void tx_srv (void) interrupt n {
        ⋮
    }
```

(2) 查询方式。

采用条件判断语句：

```
    if (TF0)
    {
        ⋮
    }
    while (! TF0) {
        ⋮
    }
```

4. 启动定时器

设置 TR0 = 1 或 TR1= 1。

5. 为下次定时/计数做准备

清除 TF 溢出标志并重装载初值：

(1) 若是中断方式，则无需软件清除 TF 标志位；

(2) 若是查询方式，则需软件清除 TF 标志位；

(3) 若是方式 2，则自动重装载初值。

7.5 定时/计数器应用举例

【例 7-1】 设单片机的晶振频率 $f=6$ MHz，采用 T1 定时方式 1 使 P1.0 引脚上输出周期为 4 ms 的方波，在 Proteus 中使用虚拟示波器观察输出波形。

原理分析：要产生周期为 4 ms 的方波，可以利用定时器在 2 ms 时产生溢出中断，再通过软件方法使 P1.0 引脚的输出状态取反。

根据定时方式 1 的初值计算公式，则：

$$\text{机器周期 } T=\frac{12}{f_{\text{osc}}}=\frac{12}{6\times10^6}\ \text{s}=2\ \mu\text{s}$$

$$\text{计数次数 } N=\frac{t}{\text{机器周期}}=\frac{2\times10^3}{2}=1000$$

对应的计数初值为

$$2^{16}-1000=64536\text{D}=\text{FC18H}$$

将十六进制的计算初值分解成高 8 位和低 8 位，即可进行 TH1 和 TL1 的初始化。需要注意：定时器在每次计数溢出后，TH1 和 TL1 都将清零，必须及时重载计数初值。

硬件设计：单片机 P1.0 接虚拟示波器 OSCILLOSCOPE，输出方波电路原理图如图 7-9所示。

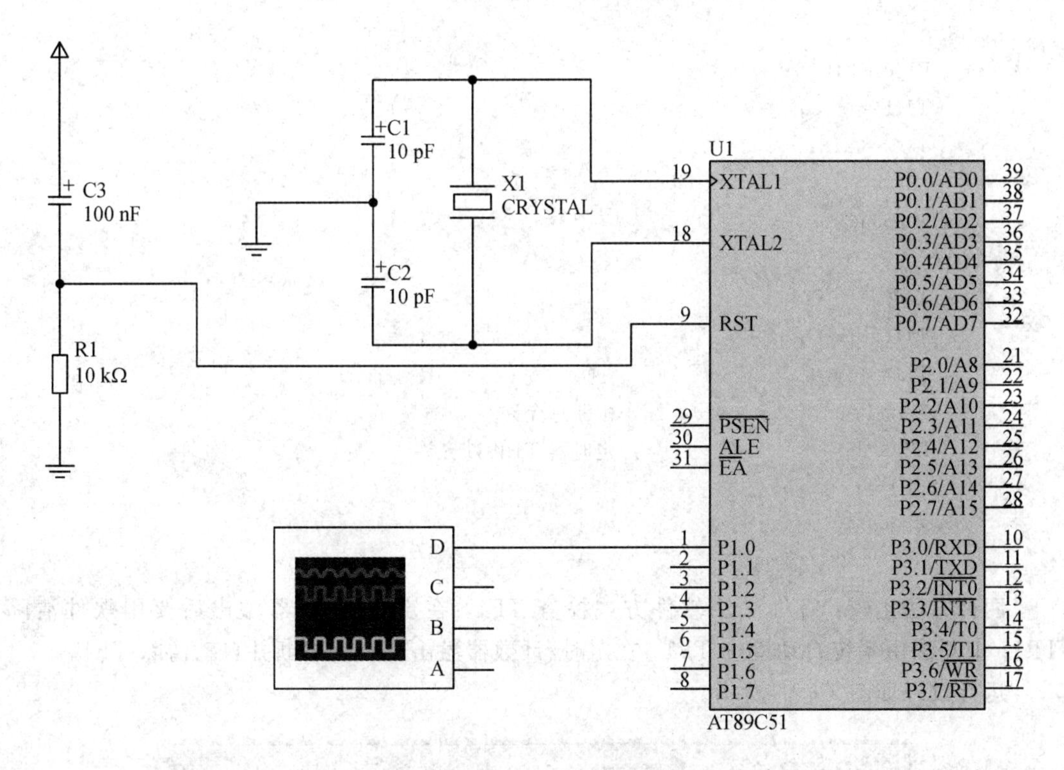

图 7－9　输出方波电路原理图

编程设计：可采用以下两种方法。

(1) 采用查询方式。

```
#include <reg51.h>
sbit P1_0=P1^0;
void main(void)
{
  TMOD=0x10;                //T1 定时方式 1
  TR1=1;                    //启动定时器 T1
  while(1)
  {
    TH1=0xFC;               //装载计数初值
    TL1=0x18;
    while(!TF1);            //查询等待 TF1 复位
    P1_0=!P1_0;             //定时时间到 P1.0 反相
    TF1=0;                  //软件清 TF1
  }
}
```

(2) 采用中断方式。

```
#Include<reg51.h>
sbit P1_0=P1^0;
void timer1(void)interrupt 3    //中断函数
```

```
{
  P1_0=! P1_0;
  TH1=0xFC;
  TL1=0x18;
}
void main()
{
  TMOD=0x10;
  TH1=0xFC;
  TL1=0x18;
  EA=1;                    //中断总允许
  ET1=1;                   //定时器 T1 中断允许
  TR1=1;
  while(1);
}
```

两种方法比较：查询法用软件方式检查 TF1，在定时/计数器溢出后要用软件清除 TF1；中断法由系统自动检查 TF1，在定时/计数器溢出后产生中断并自动清除 TF1。

运行效果如图 7-10 所示。

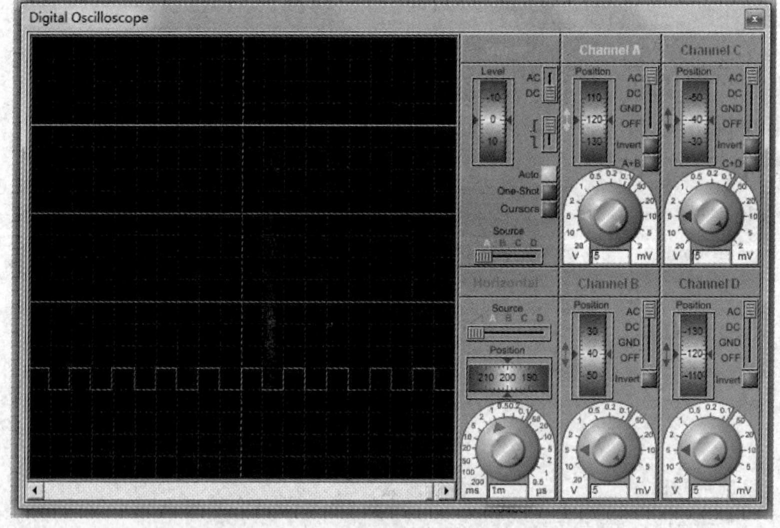

图 7-10　方波输出波形图

【例 7-2】 计数显示器。采用计数器方式 2 对按键动作进行统计，并将动作次数通过数码管显示出来，显示范围为 00～99，增量为 1，超过计量界限后自动循环显示。

原理分析：将 T0 设置为计数器方式 2，使其在一个外部脉冲到来时就能溢出并发出中断请求。计数初值为 $a=2^8-1=255=0xFF$；TMOD=00000110B=0x06。

硬件设计：P0 和 P1 分别接两个独立的数码管，分别输出两位数的十位和个位。P3.4 引脚连接一个独立按键，作为外部脉冲的输入。本例所需元器件包括单片机 89C51、按键 BUTTON、共阴数码管 7SEG-COM-CAT-GREEN、排阻 RESPACK。

在 Proteus ISIS 中绘制原理图，如图 7-11 所示。

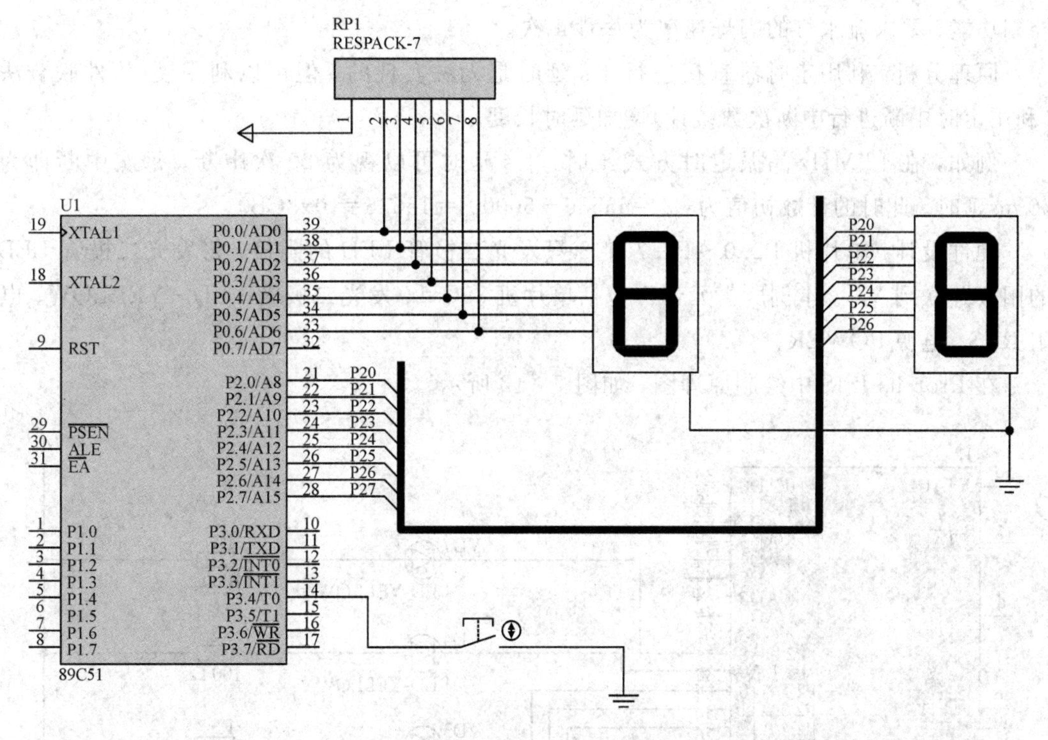

图 7-11　计数显示器原理图

编程设计：

```
#include<reg51.h>
unsigned char led_mod[]={0x3f, 0x06, 0x5b, 0x4f, 0x66, 0x6d, 0x7d, 0x07, 0x7f, 0x6f};
unsigned int count=0;
void time0()interrupt 1                //中断函数
{
  count++;                             //计数值加 1
  if(count==100)count=0;               //计数值加到 100 回 0
  P0=led_mod[count/10];                //数码管显示十位
  P2=led_mod[count%10];                //数码管显示个位
}
void main()
{
  TMOD=0x06;                           //T0 工作在方式 2
  TH0=0xff;                            //装载初值
  TL0=0xff;
  EA=1;                                //中断总允许
  ET0=1;                               //定时器 T0 中断允许
  TR0=1;                               //启动定时器 T0;
  while(1);
}
```

【例7-3】 定时器中断控制流水灯。采用定时中断方式，实现图7-12所示的流水灯控制功能，要求流水灯的闪烁速率为每秒1次。

原理分析：利用定时器直接进行1 s延时是无法实现的，但可以利用硬/软件联合法(利用定时中断进行中断次数统计)增加延时长度。

例如，在12 MHz晶振定时方式1时，1 s延时可以视为20次中断，每次中断即为50 ms延时。此时的计数初值为：a=65536－50000 =15536= 0x3CB0。

硬件设计：单片机P2.0～P2.7接8只发光二极管LED的阴极，将发光二极管LED的阳极并联到V_{CC}。本例所需元器件包括单片机89C51、发光二极管LED-YELLOW、电阻RES、电源POWER。

在Proteus ISIS中绘制原理图，如图7-12所示。

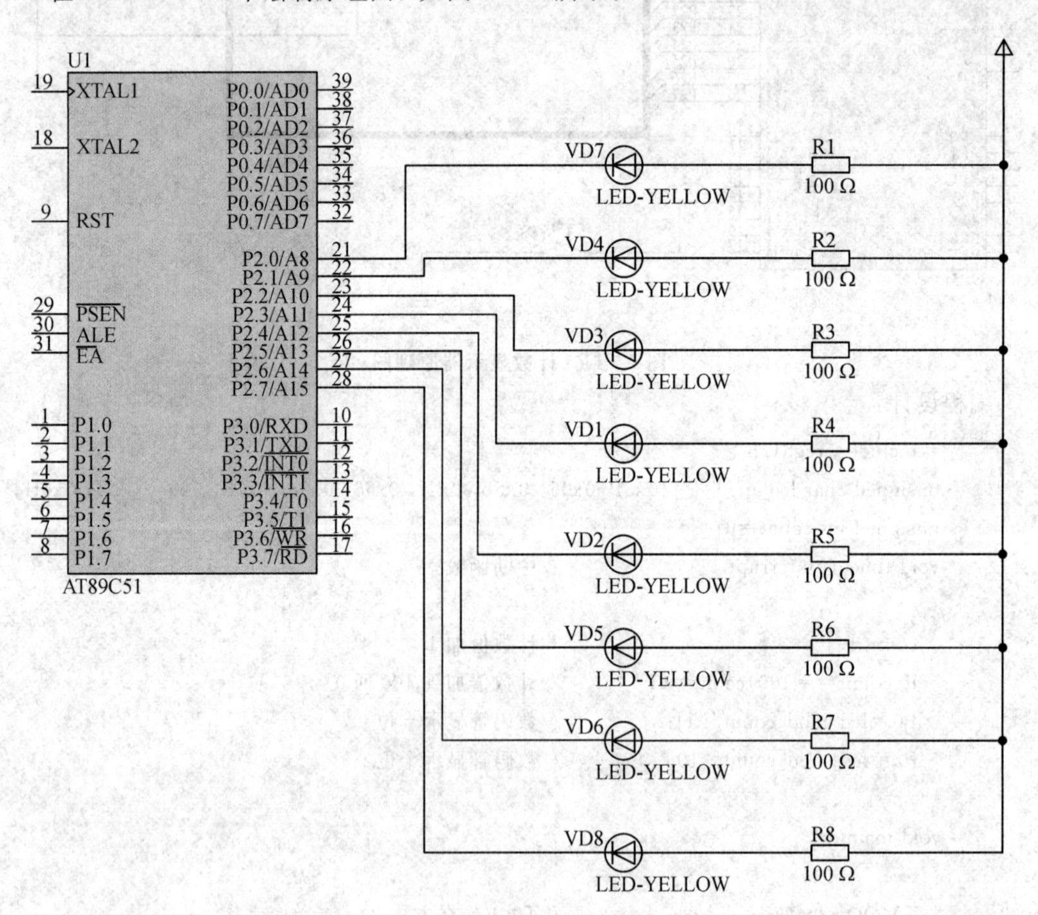

图7-12　流水灯原理图

编程设计：

```
#include<reg51.h>
unsigned char t=0;
bit ldelay=0;
char led[]={0xfe, 0xfd, 0xfb, 0xf7, 0xef, 0xdf, 0xbf, 0x7f};
```

```
void time0()interrupt 1
{
    t++;
    if(t==20)
      {
        t=0;
        ldelay=1;
      }
    TH0=0x3C;
    TL0=0xB0;
}
void main()
{
    char i;
    TMOD=0x01;
    TH0=0x3C;
    TL0=0xB0;
    TR0=1;
    EA=1;
    ET0=1;
    while(1)
    {
      if(ldelay)
        {
          ldelay=0;
          P2=led[i];
          i++;
          if(i==8)i=0;
        }
    }
}
```

【例 7-4】 电子秒表。数码管的初始显示值为 00，当 1 s 产生时，秒计数器加 1，秒计数到 60 时清零，并从 00 重新开始，如此反复。

原理分析：利用 T1 定时器定时 50 ms 中断 1 次，当中断次数计数到 20 次即累计为 1 s 时，则秒计数器加 1，并将当前秒的计数值通过数码管显示出来。软件流程图如图 7-13 所示。

硬件设计：使用两位并联的共阴数码管显示秒表的当前值。P0 接数码管的段选，P2.0 和 P2.1 接数码管的位选。本例所需元器件包括单片机 89C51、排阻 RESPACK、数码管 7SEG-MPX2-CC、电源 POWER。

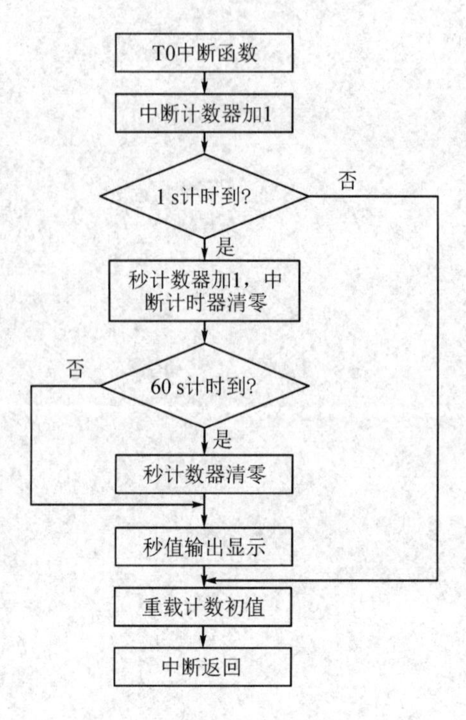

图 7-13　软件流程图

在 Proteus ISIS 中绘制原理图，如图 7-14 所示。

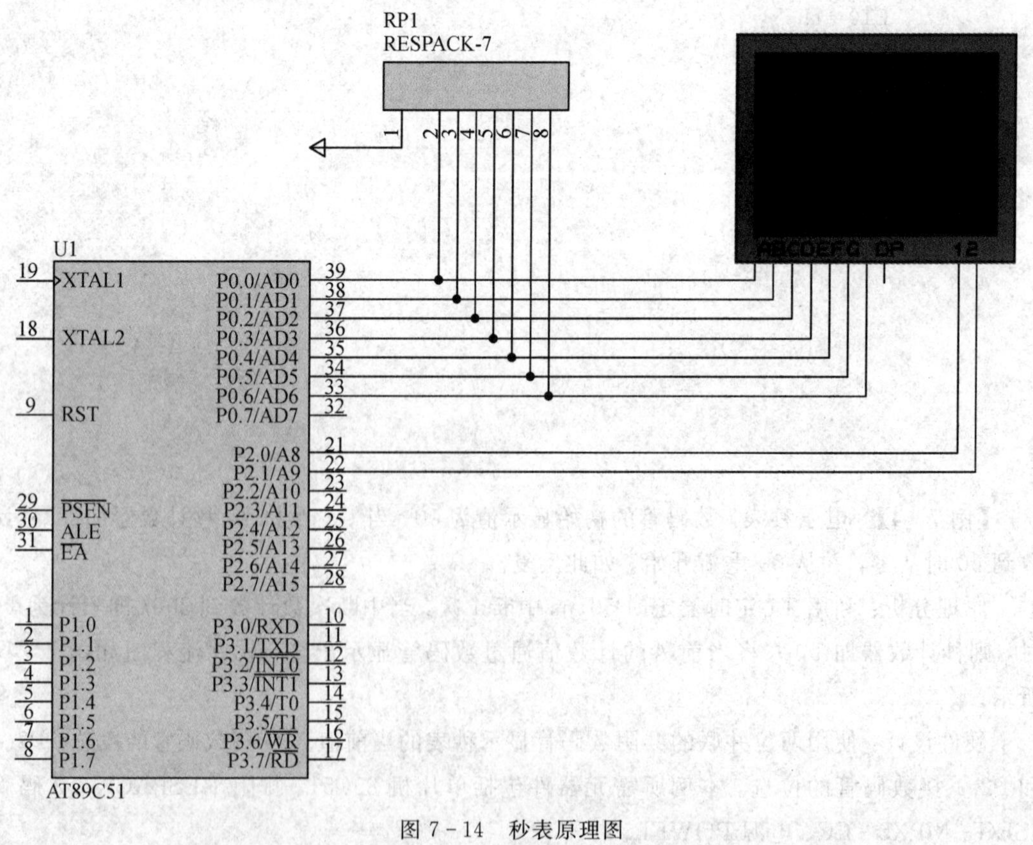

图 7-14　秒表原理图

编程设计：

```
#include<reg51.h>
unsigned char code table[]={0x3f, 0x06, 0x5b, 0x4f, 0x66, 0x6d, 0x7d, 0x07, 0x7f, 0x6f};
unsigned char count=0;
unsigned char n=0;
void delay(unsigned int time)
{
  unsigned int j = 0;
  for(; time>0; time--)
    for(j=0; j<125; j++);
}
void timer1(void)interrupt 3
{
  n++;
  if(n==20)
  {
    count++;
    if(count==60)count=0;
    n=0;
  }
  TH1=(65536-50000)/256;
  TL1=(65536-50000)%256;
}
void main()
{
  TMOD=0x10;
  TH1=(65536-50000)/256;
  TL1=(65536-50000)%256;
  EA=1;
  ET1=1;
  TR1=1;
  while(1)
  {
    P2=0xfe;
    P0=table[count/10];
    delay(2);
    P2=0xfd;
    P0=table[count%10];
    delay(2);
  }
}
```

思考：如何通过按键实现启动或停止秒表？

【例 7-5】 使4位共阴极数码管显示数字“1234”。单片机的P0口作为段控口，P2口的低4位作为位控口。

原理分析：使用动态扫描法显示4位数字，步骤如下。

(1) 从位控口输出位选信号，使某一位数码管处于显示状态；

(2) 通过查表法找到对应数码管需要显示的字符，从段控口输出段选信号进行显示；

(3) 延时一小段时间，重复步骤(1)。

硬件设计：使用4位并联的数码管显示4位数字，P0接数码管的段选，P2.0、P2.1、P2.2、P2.3均接数码管的位选。本例所需元器件包括单片机89C51、数码管7SEG-MPX4-CC、排阻RESPACK、电源POWER。

在Proteus ISIS中绘制原理图，如图7-15所示。

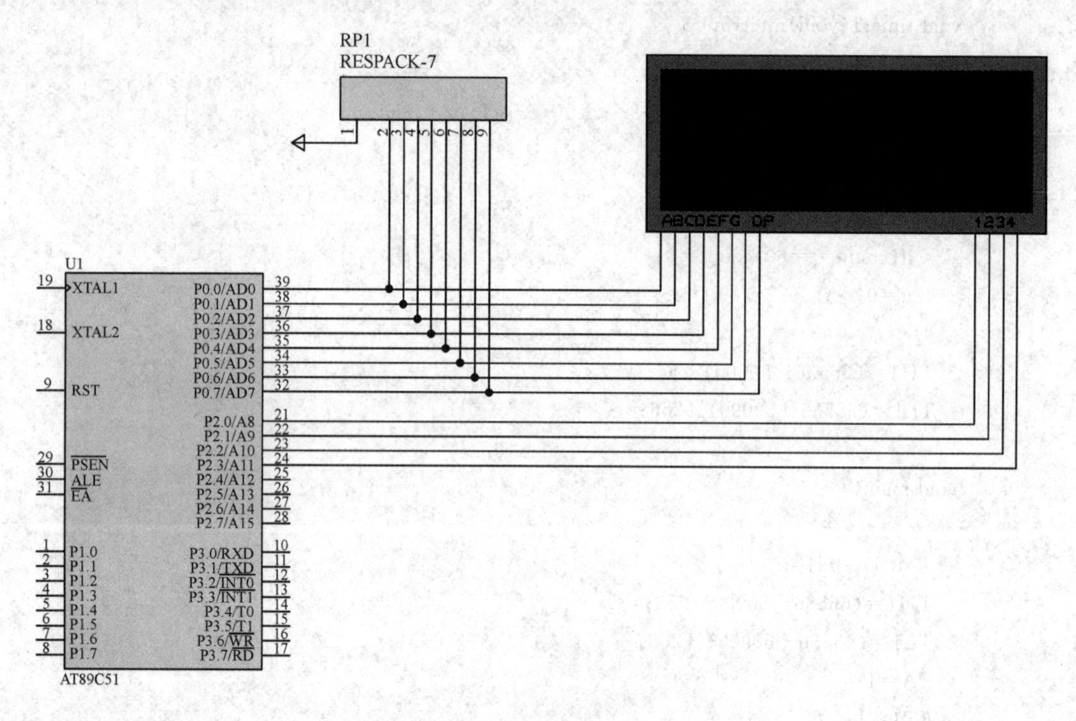

图7-15　数码管动态显示原理图

编程设计：

```
#include<reg51.h>
#define uchar unsigned char
uchar d[4], n;
uchar code tab[10]={0x3f, 6, 0x5b, 0x4f, 0x66, 0x6d, 0x7d, 7, 0x7f, 0x6f};
uchar code digit[4]={0xfe, 0xfd, 0xfb, 0xf7};
void TIMER(void)interrupt 1 using 1
{
  TH0=(65536-1000)/256;
  TL0=(65536-1000)%256;
  n++;
```

```
    if(n>3)n=0;
    P2=digit[n];
    P0=tab[d[n]];
  }
  void main()
  {
    TMOD=0X01;
    TR0=1;
    ET0=1;
    EA=1;
    n=0;
    d[0]=1;
    d[1]=2;
    d[2]=3;
    d[3]=4;
    while(1);
  }
```

【例 7-6】 利用定时器 T1 的中断控制 P1.7 引脚输出频率为 1 kHz 的方波音频信号，驱动扬声器发声。

原理分析：设系统时钟为 12 MHz，则机器周期为 1 μs，1 kHz 的音频信号周期为 1 ms，因此 T1 的定时中断时间为 0.5 ms，进入中断函数，对 P1.7 取反。

硬件设计：单片机 P1.7 连接扬声器 SPEAKER，如图 7-16 所示。

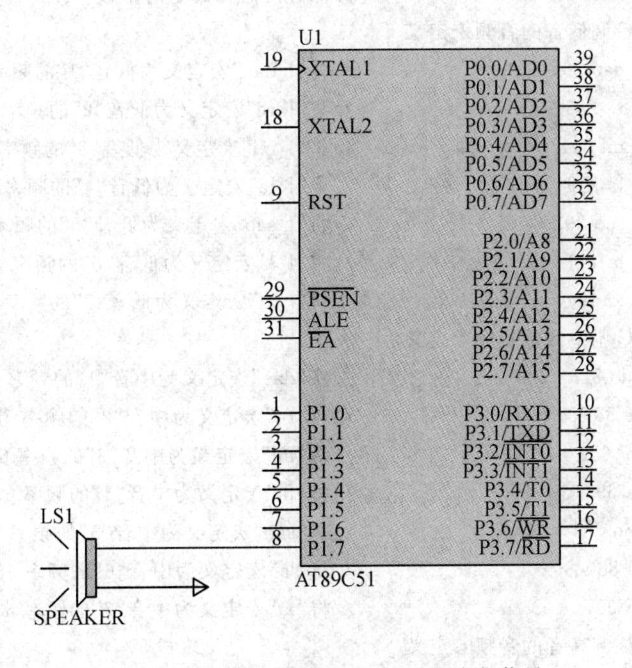

图 7-16　控制扬声器发出 1 kHz 的音频信号

编程设计：

```
#include<reg51.h>
sbit sound=P1^7;
void timer1() interrupt 3
{
  sound=!sound;
  TH1=(65536-500)/256;
  TL1=(65536-500)%256;
}
void main()
{
  TMOD=0X10;                    //设置T1工作方式1
  TH1=(65536-500)/256;          //设置初值
  TL1=(65536-500)%256;
  EA=1;                         //中断初始化
  ET1=1;
  TR1=1;
  while(1);
}
```

【例7-7】 用定时器T0的中断实现《渴望》主题曲的播放

```
#include<reg51.h>              //包含51单片机寄存器定义的头文件
sbit sound=P3^7;               //将sound位定义为P3.7
unsigned int C;                //储存定时器的定时常数
//以下是C调低音的音频宏定义
#define l_dao 262              //将"l_dao"宏定义为低音"1"的频率262 Hz
#define l_re 286               //将"l_re"宏定义为低音"2"的频率286 Hz
#define l_mi 311               //将"l_mi"宏定义为低音"3"的频率311 Hz
#define l_fa 349               //将"l_fa"宏定义为低音"4"的频率349 Hz
#define l_sao 392              //将"l_sao"宏定义为低音"5"的频率392 Hz
#define l_la 440               //将"l_a"宏定义为低音"6"的频率440 Hz
#define l_xi 494               //将"l_xi"宏定义为低音"7"的频率494 Hz
//以下是C调中音的音频宏定义
#define dao 523                //将"dao"宏定义为中音"1"的频率523 Hz
#define re 587                 //将"re"宏定义为中音"2"的频率587 Hz
#define mi 659                 //将"mi"宏定义为中音"3"的频率659 Hz
#define fa 698                 //将"fa"宏定义为中音"4"的频率698 Hz
#define sao 784                //将"sao"宏定义为中音"5"的频率784 Hz
#define la 880                 //将"la"宏定义为中音"6"的频率880 Hz
#define xi 987                 //将"xi"宏定义为中音"7"的频率523 Hz
//以下是C调高音的音频宏定义
#define h_dao 1046             //将"h_dao"宏定义为高音"1"的频率1046 Hz
#define h_re 1174              //将"h_re"宏定义为高音"2"的频率1174 Hz
```

```
#define h_mi 1318                    //将"h_mi"宏定义为高音"3"的频率 1318 Hz
#define h_fa 1396                    //将"h_fa"宏定义为高音"4"的频率 1396 Hz
#define h_sao 1567                   //将"h_sao"宏定义为高音"5"的频率 1567 Hz
#define h_la 1760                    //将"h_la"宏定义为高音"6"的频率 1760 Hz
#define h_xi 1975                    //将"h_xi"宏定义为高音"7"的频率 1975 Hz
                                     /*
函数功能：1 个延时单位，延时 200 ms
                                     */
void delay()
{
   unsigned char i, j;
   for(i=0; i<250; i++)
      for(j=0; j<250; j++);
}
                                     /*
函数功能：主函数
                                     */
void main(void)
{
   unsigned char i, j;
   //以下是《渴望》片头曲的一段简谱
   unsigned int code f[]={re, mi, re, dao, l_la, dao, l_la,    //每行对应一小节音符
                          l_sao, l_mi, l_sao, l_la, dao,
                          l_la, dao, sao, la, mi, sao,
                          re,
                          mi, re, mi, sao, mi,
                          l_sao, l_mi, l_sao, l_la, dao,
                          l_la, l_la, dao, l_la, l_sao, l_re, l_mi,
                          l_sao,
                          re, re, sao, la, sao,
                          fa, mi, sao, mi,
                          la, sao, mi, re, mi, l_la, dao,
                          re,
                          mi, re, mi, sao, mi,
                          l_sao, l_mi, l_sao, l_la, dao,
                          l_la, dao, re, l_la, dao, re, mi,
                          re,
                          l_la, dao, re, l_la, dao, re, mi,
                          re,
                          0xff};       //以 0xff 作为音符的结束标志
//以下是简谱中每个音符的节拍
//"4"对应 4 个延时单位，"2"对应两个延时单位，"1"对应 1 个延时单位
unsigned char code JP[ ]={4, 1, 1, 4, 1, 1, 2,
```

```
                        2, 2, 2, 2, 8,
                        4, 2, 3, 1, 2, 2,
                        10,
                        4, 2, 2, 4, 4,
                        2, 2, 2, 2, 4,
                        2, 2, 2, 2, 2, 2, 2,
                        10,
                        4, 4, 4, 2, 2,
                        4, 2, 4, 4,
                        4, 2, 2, 2, 2, 2, 2,
                        10,
                        4, 2, 2, 4, 4,
                        2, 2, 2, 2, 6,
                        4, 2, 2, 4, 1, 1, 4,
                        10,
                        4, 2, 2, 4, 1, 1, 4,
                        10
                        };
TMOD=0x00;                          //使用定时器T0的模式0(13位计数器)
EA=1;                               //开总中断
ET0=1;                              //定时器T0中断允许
while(1)                            //无限循环
{
  i=0;                              //从第1个音符f[0]开始播放
  while(f[i]!=0xff)                 //只要没有读到结束标志就继续播放
  {
    C=460830/f[i];
  TH0=(8192-C)/32;                  //这是13位计数器TH0高8位的赋初值方法
  TL0=(8192-C)%32;                  //这是13位计数器TL0低5位的赋初值方法
  TR0=1;                            //启动定时器T0
  for(j=0;j<JP[i];j++)              //控制节拍数
      delay();                      //延时1个节拍单位
  TR0=0;                            //关闭定时器T0
      i++;                          //播放下一个音符
    }
  }
}
/*函数功能:定时器T0的中断服务子程序,使P3.7引脚输出音频方波*/
void Time0(void)interrupt 1 using 1
{
  sound=!sound;                     //将P3.7引脚输出电平取反,形成方波
  TH0=(8192-C)/32;                  //这是13位计数器TH0高8位的赋初值方法
  TL0=(8192-C)%32;                  //这是13位计数器TL0低5位的赋初值方法
}
```

本章小结

本章首先介绍了定时/计数器的内部结构以及工作原理，然后分析了工作方式寄存器 TMOD 和控制寄存器 TCON，通过举例说明定时/计数器有哪几种工作方式以及各种工作方式应用在什么场合。

习　题

1. 定时/计数器 T0 和 T1 各有几种工作方式？简述每种工作方式的特点。如何控制定时/计数器的工作方式？

2. 设 MCS－51 单片机的晶振频率 $f_{osc}=6$ MHz，分别讨论定时/计数器 0 在各种工作方式下的最长定时时间。

3. 编写程序从 P1.0 引脚输出频率为 1 kHz 的方波，设晶振频率为 6 MHz。

4. 利用定时/计数器 1 定时中断控制 P1.7 驱动 LED 发光二极管亮 1 s 灭 1 s 地闪烁，设时钟频率为 12 MHz。

5. 利用 MCS－51 单片机定时/计数器设计一个数字秒表。定时范围 00～99 s，两位 LED 数码管显示，设时钟频率为 6 MHz。基本原理：利用定时器方式 2 产生 0.5 ms 时间基准，循环 2000 次，定时 1 s。

第8章　单片机的串行口应用

8.1　通信的基本概念

8.1.1　并行通信与串行通信

在实际工作中，计算机的CPU与外部设备之间常常要进行信息交换，将一台计算机与外界的信息交换称为数据通信。

数据通信方式有两种，即并行数据通信和串行数据通信。在并行数据通信中，数据的各位同时传送。其优点是传递速度快，缺点是数据有多少位，就需要多少根传送线。在串行数据通信中，数据字节一位一位串行地顺序传送，通过串行接口实现。其优点是只需一根传送线，这样就大大降低了传送成本，特别适用于远距离通信；其缺点是传送速度较低。在应用时，可根据数据通信的距离决定采用哪种通信方式。例如，在PC与外部设备(如打印机等)通信时，如果距离小于30 m，则可采用并行数据通信方式；如果距离大于30 m，则要采用串行数据通信方式。MCS-51单片机具有并行和串行两种基本数据通信方式。图8-1(a)所示为单片机与外设间8位数据并行通信的连接方法。图8-1(b)所示为串行数据通信方式的连接方法。本章主要介绍单片机串行通信技术。

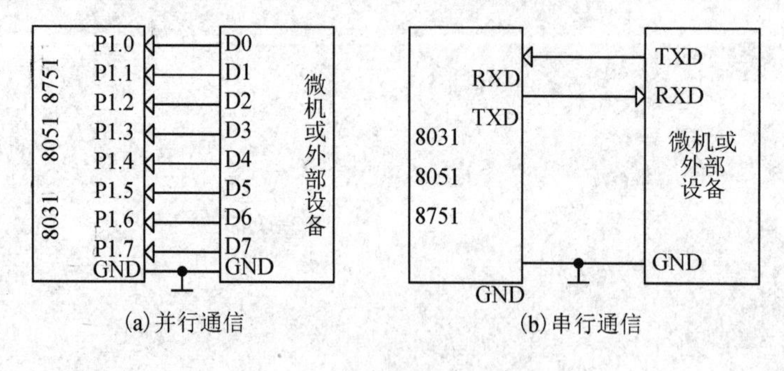

图8-1　两种通信方式示意图

8.1.2　同步通信与异步通信

按照串行数据的时钟控制方式分类，可将串行通信分为异步通信和同步通信两类。

1. 异步通信

在异步通信中，数据是以字符为单位组成字符帧进行传送的。发送端和接收端由各自独立的时钟来控制数据的发送和接收，这两个时钟彼此独立，互不同步。每一字符帧的数据格式如图8-2所示。

在字符帧格式中，一个字符由四个部分组成：起始位、数据位、奇偶校验位和停止位。

(1) 起始位：位于字符帧开头，仅占一位，为逻辑低电平“0”，用来通知接收设备，发送端开始发送数据。当在线路上不传送字符时应保持为“1”。接收端不断检测线路的状态，若连续为“1”以后又测到一个“0”，就意味着发来了一个新字符，应马上准备接收。

(2) 数据位：数据位(D0～D7)紧接在起始位后面，通常为 5～8 位，依据数据位由低到高的顺序依次传送。

(3) 奇偶校验位：奇偶校验位只占一位，紧接在数据位后面，用来表示串行通信中是采用奇校验还是偶校验，也可用这一位(I/O)来确定这一帧中的字符所代表信息的性质(地址/数据等)。

(4) 停止位：位于字符帧的最后，表示字符的结束，它一定是高电位(逻辑“1”)。停止位可以是 1 位、1.5 位或 2 位。当接收端收到停止位后，就意味着上一字符已传送完毕，同时也为接收下一字符做好准备(只要再收到“0”就是新的字符的起始位)。若停止位后面没有紧接着传送下一个字符，则让线路保持为“1”。

图 8-2(a)表示一个字符紧接一个字符传送的情况，上一个字符的停止位和下一个字符的起始位是紧密相邻的；图 8-2(b)则是两个字符间有空闲位的情况，空闲位为“1”，线路处于等待状态。存在空闲位正是异步通信的特征之一。

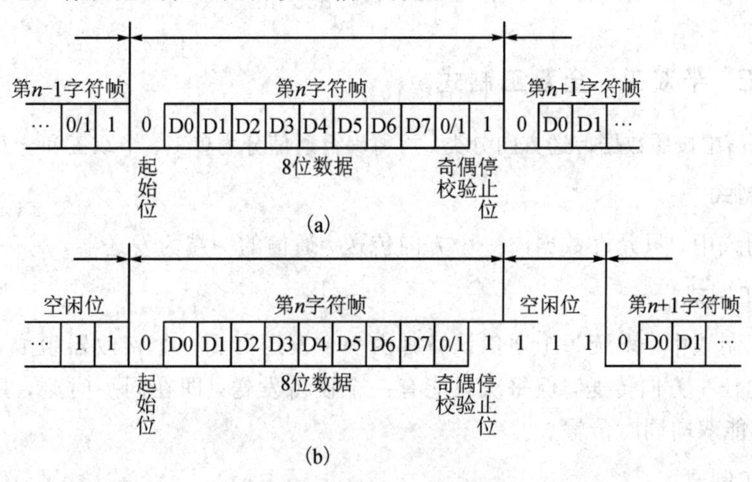

图 8-2　异步通信每一字符帧的数据格式

2. 同步通信

在同步通信时，字符与字符之间没有间隙，也不用起始位和停止位，仅在数据块开始时用同步字符指示(常约定 1～2 个)，然后是连续的数据块。同步字符的插入可以是单同步字符方式或双同步字符方式，如图 8-3 所示。同步字符可以由用户约定，也可以采用 ASCII 码中规定的 SYN 代码，即 16H。通信时先发送同步字符，接收方检测到同步字符后，即准备接收数据。

同步字符1	数据字符1	数据字符2	数据字符3	…	数据字符n	CRC1	CRC2

(a) 单同步字符帧格式

同步字符1	同步字符2	数据字符1	数据字符2	…	数据字符n	CRC1	CRC2

(b) 双同步字符帧格式

图 8-3　同步传送的数据格式

在同步传输时，要求用时钟来实现发送端与接收端之间的同步。为了保证接收无误，发送方除了传送数据外，还要同时传送时钟信号。

同步通信方式适合2400 b/s以上速率的数据传输，由于不必加起始位和停止位，故传送效率较高，但实现起来比较复杂。

8.1.3 波特率

波特率即数据传送速率，表示每秒传送二进制代码的位数，它的单位是位/秒，常用b/s表示。波特率是异步通信的重要指标，表示数据传输的速率，波特率越高，数据传输速度越快。在数据传送方式确定后，以多大的速率发送/接收数据，是实现串行通信必须解决的问题。

假设数据传送的速率是120字符/秒，每个字符格式包含10个代码位(1个起始位、1个停止位、8个数据位)，则通信波特率为

$$\frac{120\text{ 字符}}{\text{秒}}\times\frac{10\text{ 位}}{\text{字符}}=1200\text{ b/s}$$

每一位的传输时间为波特率的倒数为

$$T_{\rm D}=\frac{1}{1200}=0.833\text{ ms}$$

8.1.4 单工、半双工、全双工制式

在串行通信中按照数据传送方向分类，可将串行通信分为单工、半双工和全双工3种制式。

1. 单工制式

在单工制式中，只允许数据向一个方向传送，通信的一端为发送器，另一端为接收器。

2. 半双工制式

在半双工制式中，系统每个通信设备都由一个发送器和一个接收器组成，允许数据向两个方向中的任一方向传送，但每次只能有一个设备发送，即在同一时刻，只能进行一个方向传送，不能双向同时传输。

3. 全双工制式

在全双工制式中，数据传送方式是双向配置的，允许同时双向传送数据。

在实际应用中，异步通信通常采用半双工制式，这种用法简单、实用。

8.2 串行口内部结构

MCS-51单片机内部有一个可编程全双工串行接口，具有UART(通用异步接收和发送器)的全部功能，通过单片机的引脚RXD(P3.0)、TXD(P3.1)同时接收、发送数据，构成双机或多机通信系统。

MCS-51单片机串行口由发送数据缓冲器、发送控制器、接收数据缓冲器、接收控制器、移位寄存器、波特率发生器T1等组成，其内部结构如图8-4所示。其中，数据缓冲器SBUF是一个特殊功能寄存器，在物理上是两个独立的接收数据缓冲器与发送数据缓冲器。发送缓冲器只能写入不能读出，用于串行发送；接收数据缓冲器只能读出不能写入，

用于串行接收。两个缓冲器共用一个地址 99H，通过对 SBUF 的读、写指令来区别是对接收缓冲器还是发送缓冲器进行操作。

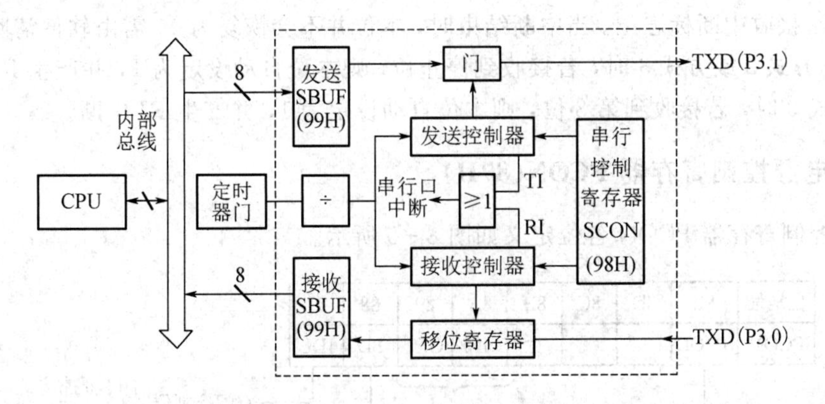

图 8-4　单片机串行口内部结构

8.3 串行口的控制

8.3.1 串行口控制寄存器 SCON(98H)

SCON 各位定义如表 8-1 所示。

表 8-1　SCON 各位定义

SM0	SM1	SM2	REN	TB8	RB8	TI	RI

SCON 各位的功能如下：

- SM0、SM1：设定串行端口的工作方式，具体说明如表 8-2 所示。

表 8-2　串口工作方式

SM0	SM1	工作方式	功　能	波特率
0	0	0	移位寄存器	$f_{osc}/12$
0	1	1	8 位 UART	可变
1	0	2	9 位 UART	$f_{osc}/32$ 或 $f_{osc}/64$
1	1	3	9 位 UART	可变

- SM2：多机通信启用位。当工作在方式 0 时，SM2=0；当工作在方式 1 时，若 SM2=1，且收到有效的停止位，则 RI=1，否则 RI=0；当工作在方式 2 或方式 3 时，若 SM2=1，且收到的第 9 位为 1，则 RI=1，若第 9 位为 0，则 RI=0。
- REN：串行接收启用位。REN=1，开始接收；REN=0，停止接收。
- TB8：当工作在方式 2 或方式 3 时，本位为第 9 位发送位，由软件设定或清除。
- RB8：当工作在方式 2 或方式 3 时，本位为第 9 位接收位；当工作在方式 1 时，若 SM2=0，则本位为停止位；当工作在方式 0 时，本位无作用。
- TI：发送中断标志位。当中断结束时，本位并不会恢复为 0，需由软件清除。当工作在方式1、方式2或方式3时，若完成传送停止位，则本位自动设定为1，并产生TI中断；当工作在方式0时，若完成传送第8位，则本位自动设定为1，并产生TI中断。

• RI：接收中断标志位。当中断结束时，本位并不会恢复为0，需由软件清除。当工作在方式1、方式2或方式3时，若接收到停止位，则本位自动设定为1，并产生RI中断；当工作在方式0时，若接收到第8位，则本位自动设定为1，并产生RI中断。

8.3.2 电源控制寄存器PCON(87H)

电源控制寄存器PCON各位定义如图8-5所示。

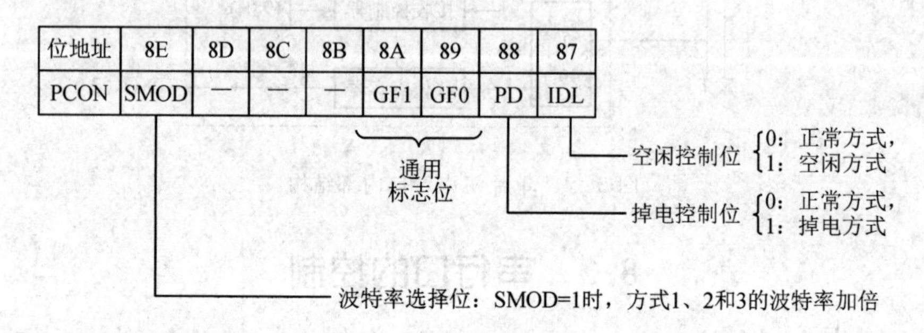

图8-5　电源控制寄存器PCON

PCON各位的功能如下：

• SMOD：波特率选择位。SMOD＝1，当串行口工作于方式1、2、3时，波特率加倍；SMOD＝0，波特率不变。

• GF1、GF0：通用标志位。

• PD(PCON.1)：掉电控制位。当PD＝1时，进入掉电方式。

• IDL(PCON.0)：空闲控制位。当IDL＝1时，进入空闲方式。

8.4 工作方式

MCS-51的串行口有4种工作方式，通过SCON中的SM1、SM0位来决定，如表8-2所示。

8.4.1 工作方式0

在工作方式0下，串行口作同步移位寄存器用，其波特率固定为$f_{osc}/12$。串行数据从RXD(P3.0)端输入或输出，同步移位脉冲由TXD(P3.1)送出。移位数据的发送和接收以8位为一帧，无需起始位和停止位。这种方式常用于扩展I/O口。

8.4.2 工作方式1

工作方式1为波特率可调的8位通用异步通信接口。发送或接收一帧信息为10位，分别为1位起始位“0”、8位数据位和1位停止位“1”。

1. 数据发送

发送时，数据从TXD端输出。当执行“SBUF＝A”指令时，数据A被写入发送缓冲器

SBUF，启动发送器发送。当发送完一帧数据后，置中断标志 TI 为 1。

2. 数据接收

接收时，数据从 RXD 端输入。串行接收启用位 REN 为 1 后，串行口采样 RXD，当采样到由“1”到“0”跳变时，确认是起始位“0”，启动接收器开始接收一帧数据。当 RI=0 且接收到停止位为 1(或 SM2=0)时，将停止位送入 RB8，8 位数据送入接收缓冲器 SBUF，同时置中断标志 RI=1。所以，当为方式 1 接收数据时，应先用软件清除 RI 或 SM2 标志。

8.4.3　工作方式 2、方式 3

在工作方式 2、方式 3 下，串行口为 9 位通用异步通信接口，发送、接收一帧信息为 11 位，即 1 位起始位“0”、8 位数据位(D0～D7)、1 位可编程位和 1 位停止位“1”。传送波特率与 SMOD 有关。其数据帧格式如图 8-6 所示。

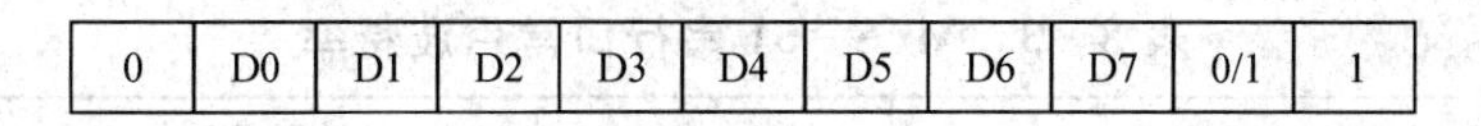

0	D0	D1	D2	D3	D4	D5	D6	D7	0/1	1

图 8-6　数据帧格式

1. 数据发送

当串行口工作于方式 2、方式 3 进行数据发送时，数据由 TXD 端输出，附加的第 9 位数据为 SCON 中的 RB8(由软件设置)。用指令将要发送的数据写入 SBUF，即可启动发送器。送完一帧信息时，TI 由硬件置 1。

2. 数据接收

当 REN=1 时，允许接收。与方式 1 相同，CPU 开始不断采样 RXD，将 8 位数据送入 SBUF 中，将接收到的第 9 位数据送入 RB8 中，当同时满足 RI=0、SM2=0 和接收到第 9 位数据为 1 这 3 个条件时，置 RI=1，否则，接收数据无效。

8.4.4　MCS-51 串行口的波特率

在串行通信中，收发双方必须采用相同的数据传输速率，即采用相同的波特率。MCS-51单片机的串行口有 4 种工作方式，其中方式 0 和方式 2 的波特率是固定的，方式 1 和方式 3 的波特率是可变的，波特率大小由定时器 T1 的溢出率决定。

1. 方式 0 和方式 2

在方式 0 中，波特率为时钟频率的 1/12，即 $f_{osc}/12$，固定不变。

在方式 2 中，波特率取决于 PCON 中的 SMOD 值。当 SMOD=0 时，波特率为 $f_{osc}/64$；当 SMOD=1 时，波特率为 $f_{osc}/32$，即波特率 $=2^{SMOD}\times f_{osc}/64$。

2. 方式 1 和方式 3

在方式 1 和方式 3 下，波特率由定时器 T1 的溢出率和 SMOD 共同决定，即

$$波特率=\frac{2^{SMOD}}{32}\times n$$

式中 n 为定时器 T1 的溢出率。定时器 T1 的溢出率取决于定时器 T1 的预置值。通常定时器选用工作模式 2，即自动重装载的 8 位定时器，此时 TL1 作计数用，自动重装载值存在

TH1内。设定时器的预置值（初始值）为 X，那么每过 $(256-X)$ 个机器周期，定时器就会溢出一次，此时应禁止T1中断。溢出周期为 $12/f_{osc}\times(256-X)$。

溢出率为溢出周期的倒数，所以波特率为

$$\text{波特率}=\frac{2^{SMOD}}{32}\cdot\frac{f_{osc}}{12(256-X)}$$

【例8-1】 通信波特率为2400 b/s，$f_{osc}=11.0592$ MHz，T1工作在模式2下，其SMOD=0，计算T1的初值 X。

根据波特率 $=\frac{2^{SMOD}}{32}\times n$，得 $n=76\,800$；

再根据 $n=\frac{f_{osc}}{12\times(256-X)}$，得 $X=244$ 即 $X=$F4H。

MCS-51串行口常用波特率如表8-3所示。

表8-3 MCS-51串行口常用波特率

工作方式	波特率/(b/s)	f_{osc}/MHz	定时器T1			
			SMOD	C/$\overline{T}$	模式	定时器初值
方式0	1 M	12	×	×	×	×
方式2	375 k	12	1	×	×	×
	187.5 k	12	0	×	×	×
方式1 方式3	62.5 k	12	1	0	2	FFH
	19.2 k	11.059	1	0	2	FDH
	9.6 k	11.059	0	0	2	FDH
	4.8 k	11.059	0	0	2	FAH
	2.4 k	11.059	0	0	2	F4H
	1.2 k	11.059	0	0	2	E8H
	137.5	11.059	0	0	2	1DH
	110	12	0	0	1	FEEBH
方式0	0.5 m	6	×	×	×	×
方式2	187.5 k	6	1	×	×	×
方式1 方式3	19.2 k	6	1	0	2	FEH
	9.6 k	6	1	0	2	FDH
	4.8 k	6	0	0	2	FDH
	2.4 k	6	0	0	2	FAH
	1.2 k	6	0	0	2	F3H
	0.6 k	6	0	0	2	E6H
	110	6	0	0	2	72H
	55	6	0	0	1	FEEBH

8.5　应用举例

【例 8-2】 编程实现发光二极管自上而下循环显示功能。

硬件设计：单片机 P3.1(TXD)连接串并转换寄存器 74LS164 的 CP 时钟输入端，P3.0(RXD)连接 74LS164 的串行数据输入引脚，74LS164 的数据输出引脚连接 8 只发光二极管，74LS164 的复位 R 端接电源 V_{CC}。本例所需元器件包括单片机 89C51、发光二极管 LED-YELLOW、串并转换寄存器 74LS164、电源 V_{CC}。

在 Proteus ISIS 中绘制原理图，如图 8-7 所示。

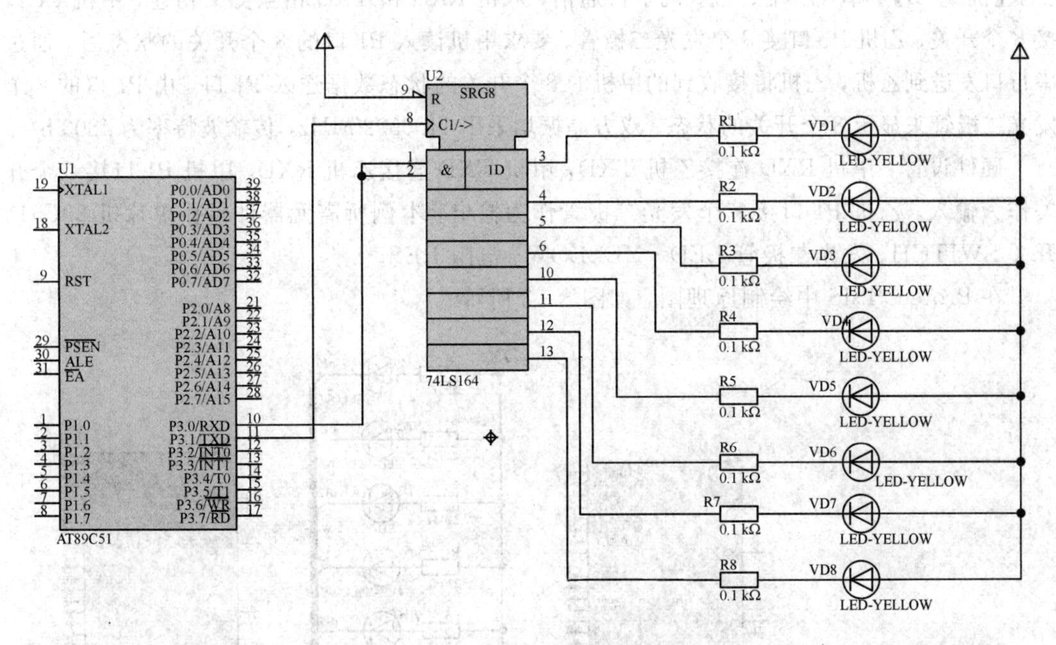

图 8-7　二极管自上而下循环显示电路

编程设计：

```
#include<reg51.h>
void delay()
{
unsigned int i;
for(i=0; i<20000; i++);
}
void main()
{
unsigned char index, led;
SCON=0;
while(1)
  {
  led=0x7f;
```

```
        for(index=0; index<8; index++)
        {
            SBUF=led;
            do{}while(! TI);
            led=(led>>1)|0x80;
            delay();
        }
    }
}
```

【例 8-3】 单片机甲、乙双机串行通信，双机 RXD 和 TXD 相互交叉相连，甲机 P1 口接 8 个开关，乙机 P1 口接 8 个发光二极管。要求甲机读入 P1 口的 8 个开关的状态后，通过串行口发送到乙机，乙机将接收到的甲机的 8 个开关的状态数据送入 P1 口，由 P1 口的 8 个发光二极管来显示 8 个开关的状态。双方晶振均采用 11.0592 MHz，传输波特率为 4800 b/s。

硬件设计：甲机 RXD 连接乙机 TXD，甲机 TXD 连接乙机 RXD，甲机 P1 口接 8 个开关作为输入，乙机 P1 口接 8 个发光二极管作为输出。本例所需元器件包括单片机 89C51、开关 SWITCH、发光二极管 LED-YELLOW、电阻 RES。

在 Proteus ISIS 中绘制原理图，如图 8-8 所示。

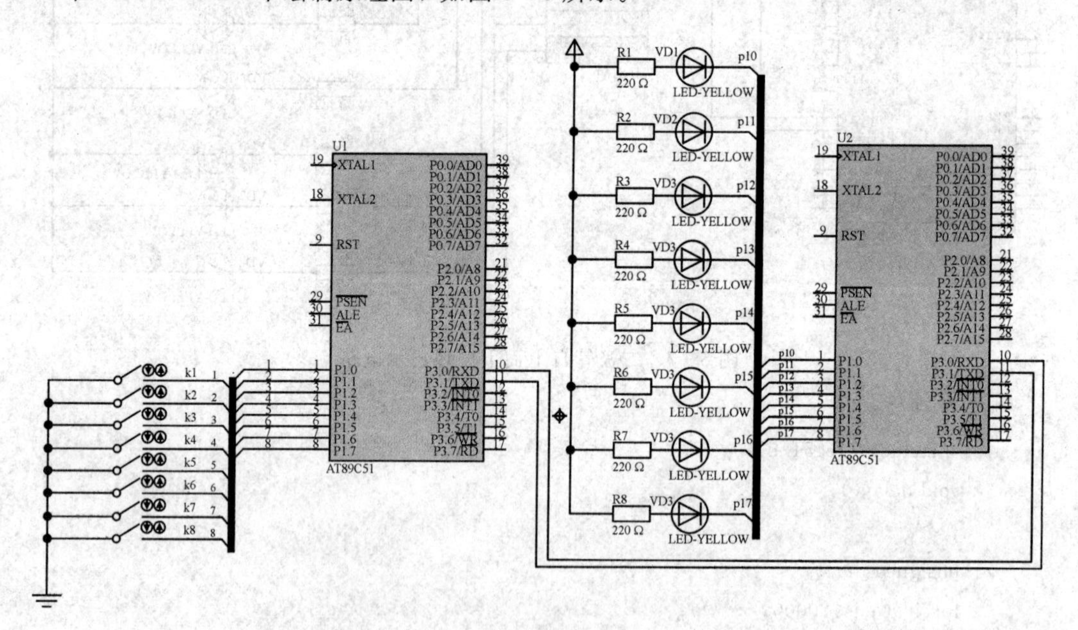

图 8-8　单片机方式 1 双机通信电路

编程设计：

甲机程序代码：

```
#include<reg51.h>
#define uchar unsigned char
#define uint unsigned int
void main()
```

```
{
  uchar temp=0;
  TMOD=0x20;                  //设置定时器 T1 为方式 2
  TH1=0xfa;                   //波特率为 4800 b/s
  TL1=0xfa;
  SCON=0x40;                  //串口初始化方式 1 发送，不接收
  PCON=0X00;                  //SMOD=0
  TR1=1;                      //启动 T1
  P1=0XFF;                    //设置 P1 口为输入
  while(1)
  {
    temp=P1;
    SBUF=temp;
    while(TI==0);
    TI=0;
  }
}
```

乙机程序代码：

```
#include<reg51.h>
#define uchar unsigned char
#define uint unsigned int
void main()
{
  uchar temp=0;
  TMOD=0x20;                  //设置定时器 T1 为方式 2
  TH1=0xfa;                   //波特率为 4800 b/s
  TL1=0xfa;
  SCON=0x50;                  //串口初始化方式 1 接收，REN=1
  PCON=0X00;                  //SMOD=0
  TR1=1;                      //启动 T1
  while(1)
  {
    while(RI==0);
    RI=0;
    temp=SBUF;
    P1=temp;
  }
}
```

【例 8-4】 甲乙两个单片机采用串口方式 1 通信，其中两机 f_{osc} 约为 12 MHz，波特率为 2.4 kb/s。甲机循环发送数字 0～9、字母 A～F，并根据乙机的返回值决定发送新数(返回值与发送值相同时)或重复当前值(返回值与发送值不同时)，乙机接收数据后直接返回

接收值。双机都将当前值以十六进制数形式显示在各自的BCD数码管上。

硬件设计：甲机RXD连接乙机TXD，甲机TXD连接乙机RXD，甲机和乙机的P1口分别连接共阴数码管显示数字。本例所需元器件包括单片机89C51、数码管7SEG-COM-CAT-GRN、地线GROUND。

在Proteus ISIS中绘制原理图，如图8-9所示。

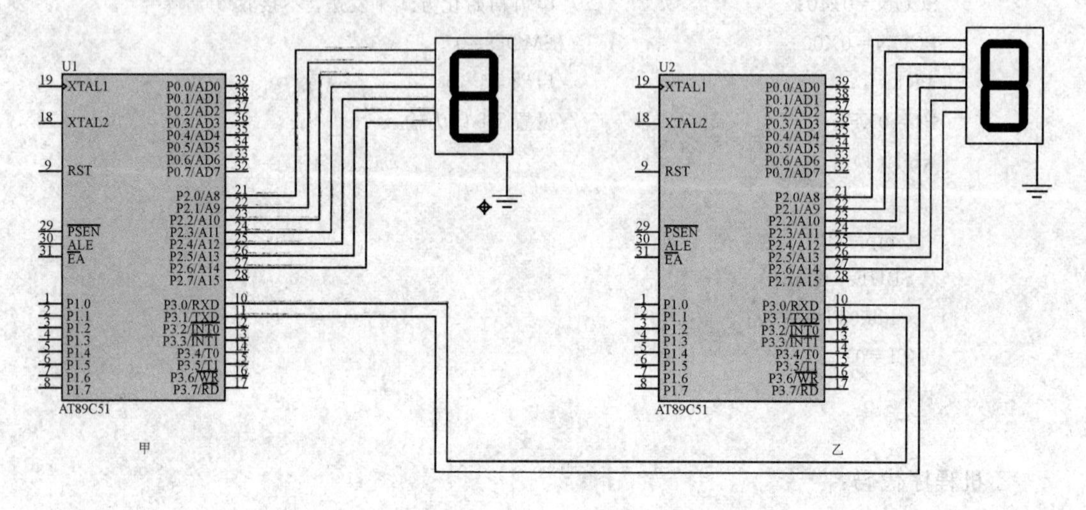

图8-9　单片机方式1串口通信电路

编程设计：

甲机程序代码：

```
#include<reg51.h>
char led[]={0x3f, 0x06, 0x5b, 0x4f, 0x66, 0x6d, 0x7d, 0x07, 0x7f, 0x6f};
void delay(unsigned int time){
    unsigned int j=0;
    for(; time>0; time--)
        for(j=0; j<125; j++);
}
void main()
{
    char count=0;
    TMOD=0x20;
    TH1=TL1=0xf4;
    PCON=0;
    SCON=0x50;
    TR1=1;
    while(1)
    {
        P2=led[count];
        SBUF=count;
        while(! TI);
        TI=0;
```

```
        while(! RI);
        RI=0;
        if(SBUF==count)
        {
          count++;
          if(count==10)count=0;
        }
        delay(500);
      }
    }
```

乙机程序代码：

```
#include<reg51.h>
char led[]={0x3f, 0x06, 0x5b, 0x4f, 0x66, 0x6d, 0x7d, 0x07, 0x7f, 0x6f};
voiddelay(unsigned int time){
  unsigned int j=0;
  for(; time>0; time--)
    for(j=0; j<125; j++);
}
void main()
{
  char c;
  TMOD=0x20;
  SCON=0x50;
  PCON=0;
  TH1=TL1=0xf4;
  TR1=1;
  while(1)
  {
    while(! RI)
    {
      RI=0;
      c=SBUF;
      P2=led[c];
      delay(500);
      SBUF=c; }
  }
}
```

本章小结

本章介绍了串行通信的基本概念、单片机串行口内部结构以及工作方式、串行控制寄存器 SCON 和电源控制寄存器 PCON 的相关知识，并举例说明了其应用方法。

习　题

1. 什么是串行异步通信？

2. MCS－51单片机的串行口由哪些基本功能部件组成？

3. MCS－51单片机的串行口有几种工作方式？如何设置不同方式的波特率？

4. 若选用定时器T1作波特率发生器，设 f_{osc} = 6 MHz，计数初值为0FDH，SMOD=1，则波特率是多少？

第 9 章　单片机的 A/D 和 D/A 应用

9.1　A/D 转换

ADC0809 是带有 8 位 A/D 转换器、8 路多路开关以及微处理机兼容的控制逻辑的 CMOS 组件。它是逐次逼近式 A/D 转换器，可以和单片机直接接口。

9.1.1　A/D 转换的基本原理

A/D 转换器的作用是通过一定的电路将模拟量转变为数字量。模拟量可以是电压、电流等电信号，也可以是压力、温度、湿度、位移、声音等非电信号。但在 A/D 转换前，输入到 A/D 转换器的输入信号必须经各种传感器把各种物理量转换成电压信号。A/D 转换后，输出的数字信号可以有 8 位、10 位、12 位、14 位和 16 位等。A/D 转换器的工作原理主要有 3 种方法：逐次逼近法、双积分法和电压频率转换法。

(1) 逐次逼近式 A/D 是比较常见的一种 A/D 转换电路，转换的时间为微秒级。采用逐次逼近法的 A/D 转换器由一个比较器、D/A 转换器、缓冲寄存器及控制逻辑电路组成。其工作原理是从高位到低位逐位试探比较，好比用天平称物体，从重到轻逐级增减砝码进行试探。逐次逼近法转换的过程是：初始化时将逐次逼近寄存器各位清零；转换开始时，先置逐次逼近寄存器最高位为"1"，将寄存器中新的数字量送入 D/A 转换器，经 D/A 转换后生成的模拟量被送入比较器，已转换的模拟量称为 V_o，与送入比较器的待转换的模拟量 V_i 进行比较，若 $V_o<V_i$，则该位"1"被保留，否则被清除。然后再置逐次逼近寄存器次高位为"1"，将寄存器中新的数字量送入 D/A 转换器，输出的 V_o 再与 V_i 比较，若 $V_o<V_i$，则该位"1"被保留，否则被清除。重复此过程，直至逼近寄存器最低位。转换结束后，将逐次逼近寄存器中的数字量送入缓冲寄存器，得到数字量的输出。

(2) 采用双积分法的 A/D 转换器由电子开关、积分器、比较器和控制逻辑等部件组成。其工作原理是将输入电压变换成与其平均值成正比的时间间隔，再把此时间间隔转换成数字量。双积分法转换属于间接转换。双积分法 A/D 转换的过程是：先用开关接通待转换的模拟量 V_i，V_i 采样输入到积分器，积分器从零开始进行固定时间 T 的正向积分，时间 T 到后，开关再接通与 V_i 极性相反的基准电压 V_{REF}，将 V_{REF} 输入到积分器，进行反向积分，直到输出为 0 V 时停止积分。V_i 越大，积分器输出电压越大，反向积分时间也越长。计数器在反向积分时间内所计的数值，就是输入模拟电压 V_i 所对应的数字量，从而实现了 A/D 转换。

(3) 采用电压频率转换法的 A/D 转换器由计数器、控制门及一个具有恒定时间的时钟门控制信号组成。它的工作原理是通过 V/F 转换电路把输入的模拟电压转换成与模拟电压成正比的脉冲信号。电压频率转换法的工作过程是：当把模拟电压 V_i 加到 V/F 的输入端时，便产生频率 F 与 V_i 成正比的脉冲，在一定的时间内对该脉冲信号计数，时间到，统计到计数器的计数值正比于输入电压 V_i，从而完成 A/D 转换。

9.1.2 ADC0809 的结构

ADC0809 的内部逻辑结构如图 9-1 所示。

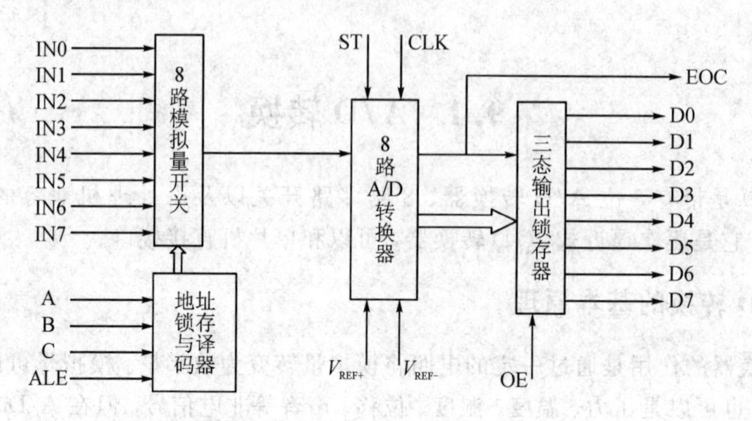

图 9-1 ADC0809 的内部逻辑结构

由图 9-1 可知，ADC0809 由一个 8 路模拟量开关、一个地址锁存与译码器、一个 A/D 转换器和一个三态输出锁存器组成。多路开关可选通 8 个模拟通道，允许 8 路模拟量分时输入，共用 A/D 转换器进行转换。三态输出锁存器用于锁存 A/D 转换完的数字量，当 OE 端为高电平时，数据可以从三态输出锁存器取走转换完的数据。

9.1.3 引脚结构

ADC0809 电路符号如图 9-2(a)所示、实物图如图 9-2(b)所示。

引脚	名称	名称	引脚
1	IN3	IN2	28
2	IN4	IN1	27
3	IN5	IN0	26
4	IN6	A	25
5	IN7	B	24
6	ST	C	23
7	EOC	ALE	22
8	D3	D7	21
9	OE	D6	20
10	CLK	D5	19
11	V_{CC}	D4	18
12	V_{REF+}	D0	17
13	GND	V_{REF-}	16
14	D1	D2	15

(a) ADC0809电路符号

(b) ADC0809实物图

图 9-2 ADC0809 电路符号及实物图

1. IN0～IN7(8 条模拟量输入通道)

ADC0809 对输入模拟量要求：信号单极性，电压范围是 0～5 V。若信号太小，则必须进行放大；输入的模拟量在转换过程中应该保持不变，若模拟量变化太快，则需在输入前增加采样保持电路。

2. 地址输入和控制线(4 条)

ALE 为地址锁存允许输入线，高电平有效。当 ALE 线为高电平时，地址锁存与译码器将 A、B、C 这 3 条地址线的地址信号进行锁存，经译码后被选中的通道的模拟量通过转换器进行转换。A、B 和 C 为地址输入线，用于选择通道 IN0～IN7 上的一路模拟量输入。地址输入和控制线关系如表 9－1 所示。

表 9－1　地址输入和控制线关系

C	B	A	选择的通道
0	0	0	IN0
0	0	1	IN1
0	1	0	IN2
0	1	1	IN3
1	0	0	IN4
1	0	1	IN5
1	1	0	IN6
1	1	1	IN7

3. 数字量输出及控制线

(1) ST：转换启动信号。当 ST 上跳沿时，所有内部寄存器清零；当 ST 下跳沿时，开始进行 A/D 转换。在转换期间，ST 应保持低电平。

(2) EOC：转换结束信号。当 EOC 为高电平时，表明转换结束；否则，表明正在进行 A/D 转换。

(3) OE：输出允许信号，用于控制三态输出锁存器向单片机输出转换得到的数据。OE＝1，输出转换得到的数据；OE＝0，输出数据线呈高阻状态。

(4) D7～D0：数字量输出线。

(5) CLK：时钟输入信号线。因 ADC0809 的内部没有时钟电路，所需时钟信号必须由外界提供，通常使用频率为 500 kHz 的时钟信号。

(6) V_{REF+}，V_{REF-}：参考电压输入。

9.1.4　ADC0809 应用说明

有关 ADC0809 的应用，具体说明如下：

(1) ADC0809 内部带有输出锁存器，可以与 AT89C51 单片机直接相连。

(2) 初始化时，使 ST 和 OE 信号全为低电平。

(3) 送要转换的那一通道的地址到 A、B、C 端口上。

(4) 在 ST 端给出一个至少有 100 ns 宽的正脉冲信号。

(5) 根据 EOC 信号来判断是否转换完毕。

(6) 当 EOC 变为高电平时，这时给 OE 一个高电平，转换的数据就输出给单片机了。

9.2　D/A 转换

9.2.1　D/A 转换的基本原理

1. D/A 转换

D/A 转换器即数模转换器(Digital to Analog Conversion)，其作用是通过一定的电路将数字量转变为与之相对应的模拟量(通常为电流或电压信号)。例如，参考电压 V_{REF} 为 5 V，采用 8 位的数模转换器，当输入的数字量为 0000 0000 时，输出的电压为 0 V，当输入的数字量为 1111 1111 时，输出的电压为 5 V；当输入的数字量从 0000 0000 到 1111 1111 变化时，输出的电压从 0～5 V 变化。这样每个数字量对应一个电压，即实现了数模转换。

2. 分辨率

分辨率是指最小输出电压(对应于输入数字量最低位为 1 时的输出电压)和最大输出电压(对应于输入数字量所有有效位全为 1 时的输出电压)之比，即输入数字量的最低有效位(LSB)发生变化时，所对应的输出模拟量(电压或电流)的变化量。它反映了输出模拟量的最小变化值。

分辨率与 D/A 转换器的位数有确定的关系，可以表示为 $FS/2^n$。FS 表示满量程输入值，n 为 D/A 转换器的位数。例如，对于 5 V 的满量程，当采用 4 位 D/A 转换器时，分辨率为 5 V/16＝0.3125 V(用百分数表示为 1/16＝6.25％，分辨率常用百分比来表示)，也就是说当输入的数字量每增加 1，则输出的电压值增加 0.3125 V；当采用 8 位 D/A 转换器时，分辨率为 5 V/256＝19.5 mV(用百分数表示为 1/256＝0.39％)，也就是说当输入的数字量每增加 1，则输出的电压值增加 19.5 mV；当采用 12 位 D/A 转换器时，分辨率为 5 V/4096＝1.22 mV(用百分数表示为 1/4096＝0.0244％)，也就是说当输入的数字量每增加 1，则输出的电压值增加 1.22 mV。显然，位数越多，分辨率就越高。

9.2.2　DAC0832 的结构

1. DAC0832 引脚

DAC0832 引脚如图 9－3 所示。

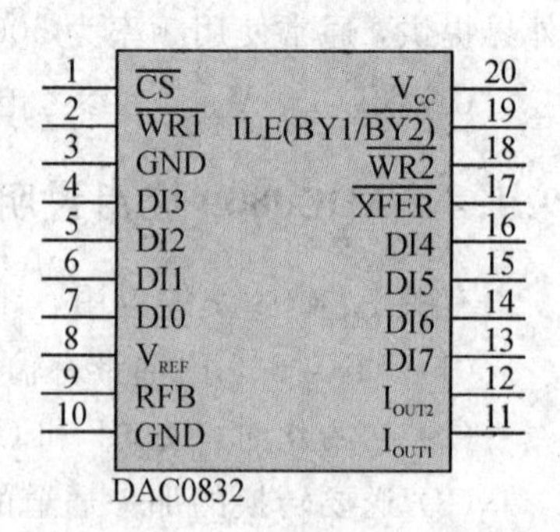

图 9－3　DAC0832 引脚

(1) $\overline{CS}$(Chip Selected，芯片选择，简称片选)：片选信号，低电平有效。

(2) $\overline{WR1}$：输入寄存器的写选通信号。

(3) GND：第 3 脚的 GND 为模拟信号地，第 10 脚的 GND 为数字信号地。

(4) DI0～DI7(DI 表示 Digital Input，数字输入)：8 位数据输入端，TTL 电平。

(5) V_{REF}(Reference Voltage Input，参考电压输入)：基准电压输入引脚，要求外接精

密电压源(－10 V～10 V)。

(6) RFB(Feed Back Resistor，反馈电阻)：反馈信号输入引脚，反馈电阻集成在芯片内部。

(7) I_{OUT1}、I_{OUT2}：电流输出引脚。电流 I_{OUT1} 与 I_{OUT2} 的和为常数(约为图中的 V_{REF}/R)，当输入全为 1 时，I_{OUT1} 最大；当输入全为 0 时，I_{OUT2} 最大。I_{OUT1} 和 I_{OUT2} 随 DAC 寄存器的内容线性变化。单极性输出时，I_{OUT2} 通常接地。

(8) $\overline{XFER}$：数据传送信号，低电平有效。

(9) $\overline{WR2}$：DAC 寄存器写选通信号。

(10) ILE(Input Latch Enable，输入锁存使能)：数据允许锁存信号，高电平有效。

(11) V_{CC}：电源输入引脚(5 V～15 V)。

2. DAC0832 的外部连接

DAC0832 的外部连接线路如图 9－4 所示。

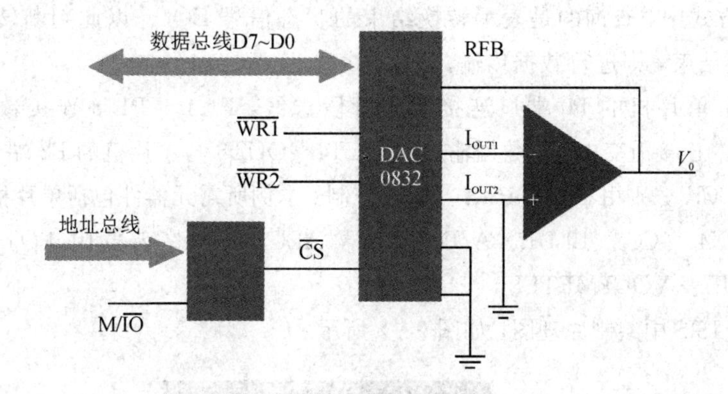

图 9－4　DAC0832 的外部连接线路

9.2.3　DAC0832 的工作方式

当 DAC0832 进行 D/A 转换时，可以采用以下两种方法对数据进行锁存。

第一种方法是：使输入寄存器工作在锁存状态，而 DAC 寄存器工作在直通状态。具体地说，就是使 $\overline{WR2}$ 和 $\overline{XFER}$ 都为低电平，DAC 寄存器的锁存选通端得不到有效电平而直通；此外，使输入寄存器的控制信号 ILE 处于高电平、$\overline{CS}$ 处于低电平，这样，当 $\overline{WR1}$ 端来一个负脉冲时，就可以完成一次转换。

第二种方法是：使输入寄存器工作在直通状态，而 DAC 寄存器工作在锁存状态，就是使 $\overline{WR1}$ 和 $\overline{CS}$ 都为低电平，ILE 为高电平，这样，输入寄存器的锁存选通信号处于无效状态而直通。当 $\overline{WR2}$ 和 $\overline{XFER}$ 端输入一个负脉冲时，使 DAC 寄存器工作在锁存状态，提供锁存数据进行转换。

根据上述对 DAC0832 的输入寄存器和 DAC 寄存器不同的控制方法，DAC0832 有如下 3 种工作方式：

(1) 单缓冲方式。单缓冲方式控制输入寄存器和 DAC 寄存器同时接收数据，或者只用输入寄存器而把DAC寄存器接成直通方式。此方式适用于只有一路模拟量输出或几路模拟量异步输出的情形。

(2) 双缓冲方式。双缓冲方式先使输入寄存器接收数据，再控制输入寄存器的输出数据到DAC寄存器，即分两次锁存输入数据。此方式适用于多个D/A转换同步输出的情形。

(3) 直通方式。直通方式下的资料不经两级锁存器锁存，即$\overline{WR1}$、$\overline{WR2}$、$\overline{XFER}$、$\overline{CS}$均接地，ILE接高电平。此方式适用于连续反馈控制线路，不过在使用时，必须通过另加I/O接口与CPU连接，以匹配CPU与D/A转换。

9.3　A/D和D/A的转换应用举例

1. A/D转换应用实例

【例9-1】 用查询方式实现通道0的信号采集，实现A/D转换并由四位数码管显示数值。在查询方式中，查询的是表示转换结束的状态信号EOC，以此判断转换是否结束，如果A/D转换结束，则进行数据传输。

硬件设计：单片机的P0端口连接数码管段选线，P1.0～P1.3连接数码管位选线。ADC0808的IN0连接滑变电阻，数据输出端OUT1～OUT8与单片机的P2端口相连，EOC、START和CLOCK分别由P3.3、P3.4、P3.5控制。本例所需元器件包括单片机89C51、数码管7SEG-MPX4-CC-BLUE、A/D转换器ADC0808、滑变电阻POT-HG、排阻RESPACK、电压表VOLTMETER。

在Proteus ISIS中绘制原理图，如图9-5所示。

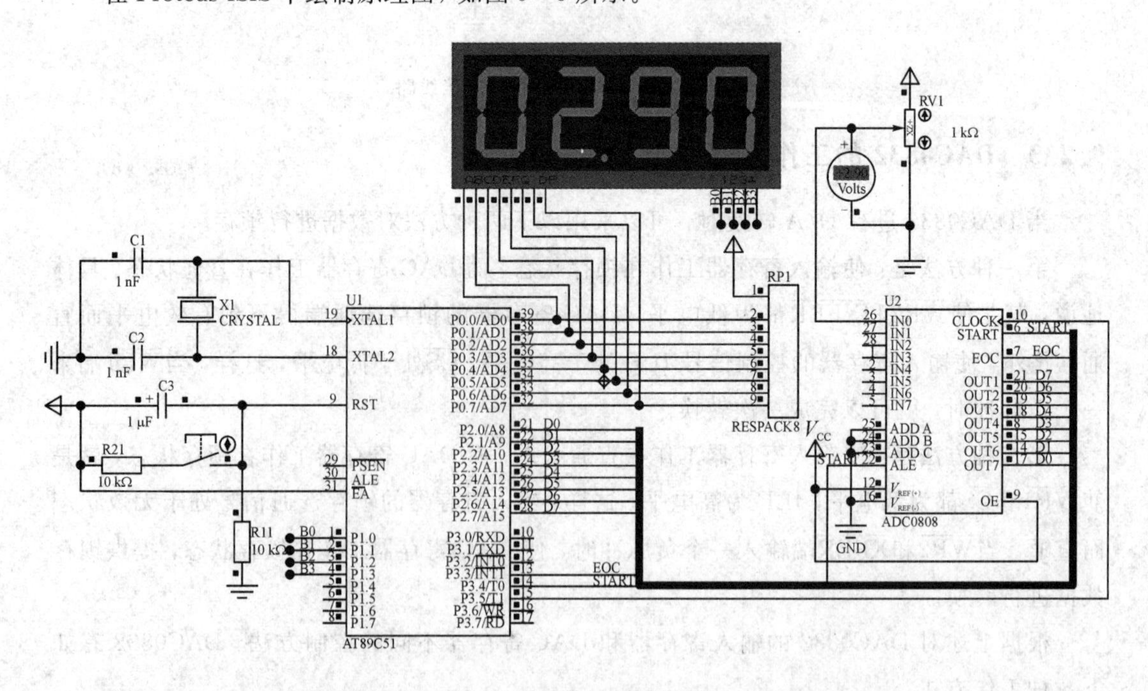

图9-5　A/D通道0采集数据原理图

编程设计：

```
#include<reg51.h>
unsigned char code led_mode[]= {0x3f, 0x06, 0x5b, 0x4f, 0x66, 0x6d, 0x7d, 0x07, 0x7f, 0x6f,
0x00};                          //LED 显示字模;
unsigned char code digit[]={0x0e, 0x0d, 0x0b, 0x07};
sbit START=P3^4;                //START，ALE 接口，0→1→0：启动 AD 转换
sbit EOC=P3^3;                  //转换完毕由 0 变 1
sbit CLOCK=P3^5;                //定义 ADC0808 时钟位
unsigned char d[4], n=0, t=0;
bit change=0;
void TIMER0() interrupt 1 using 1
{
  unsigned char temp;
  TH0=(65536-1000)/256;
  TL0=(65536-1000)%256;
  t++;
  if(t>10)
  {
    t=0;
    change=1;
  }
  n=(n+1)%4;
  P0=0;
  temp=P1 & 0xf0;
  P1=temp|digit[n];
  if(n==1)
    P0=led_mode[d[n]]|0x80;
  else
    P0=led_mode[d[n]];
}
void TIMER1() interrupt 3 using 2
{
  CLOCK=~CLOCK;
}
unsigned int uiADTransform()
{
    unsigned int uiResult;
    START=1;                    //启动 AD 转换
  START=0;
  while(EOC==0);                //等待转换结束
  uiResult=P2;                  //得到转换结果
```

```
        return uiResult;
    }
    void main()
    {
        unsigned char ad;
        unsigned int ad_zhi;
        TMOD=0x21;                      //定时器0，指定时间间隔启动ADC转换
                                        //定时器1，产生ADC0808时钟
        TH0=(65536-1000)/256;
        TL0=(65536-1000)%256;
        TH1=255;
        TL1=255;
        TR0=1;
        TR1=1;
        ET1=1;
        ET0=1;
        EA=1;
        while(1)
        {
          if(change==1)
          {
          change=0;
          ad=uiADTransform();
          ad_zhi=ad*0.01961*100;  //将转换电压值放大100倍
          d[1]=ad_zhi/100 ;       //取百位
          ad_zhi=ad_zhi%100;
          d[2]=ad_zhi/10;         //取十位
          d[3]=ad_zhi%10;         //取个位
          }
        }
    }
```

2. D/A转换应用实例

1）直通方式

【例9-2】 利用DAC0832输出锯齿波。

硬件设计：DAC0832的$\overline{WR1}$、$\overline{WR2}$、$\overline{XFER}$、$\overline{CS}$均接地，ILE接高电平。单片机P2口接DAC0832的数据输入DI0～DI7，DAC0832的输出端OUT1和OUT2接直流电压表。本例所需元器件包括单片机80C51、D/A转换器DAC0832、直流电压表DC VOLTMETER、运算放大器OPAMP、虚拟示波器OSCILLOSCOPE。

在Proteus ISIS中绘制原理图，如图9-6所示。

编程设计：程序代码如图9-7所示。

运行效果如图9-8所示。

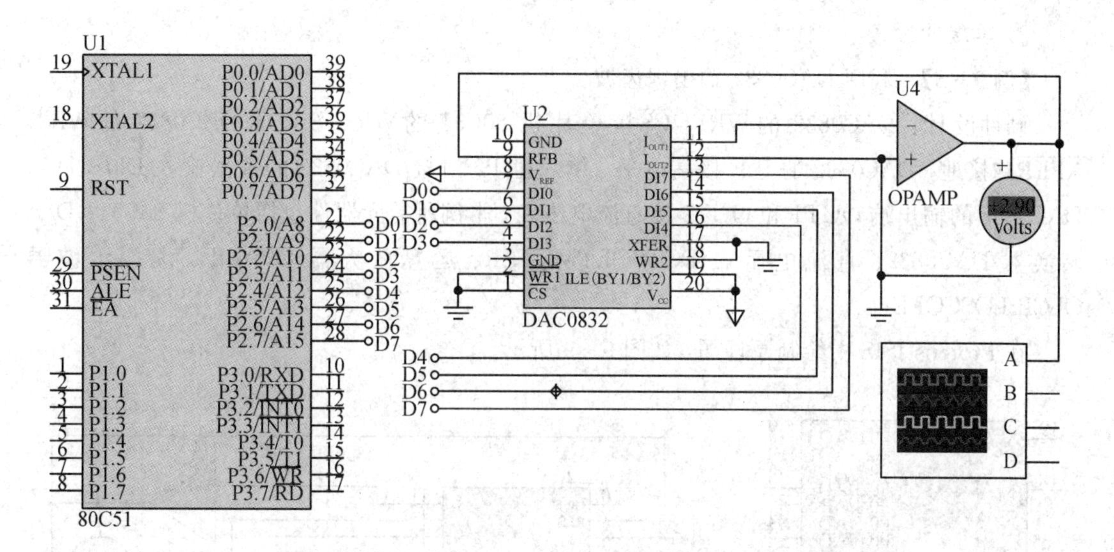

图 9 - 6　直通方式锯齿波原理图

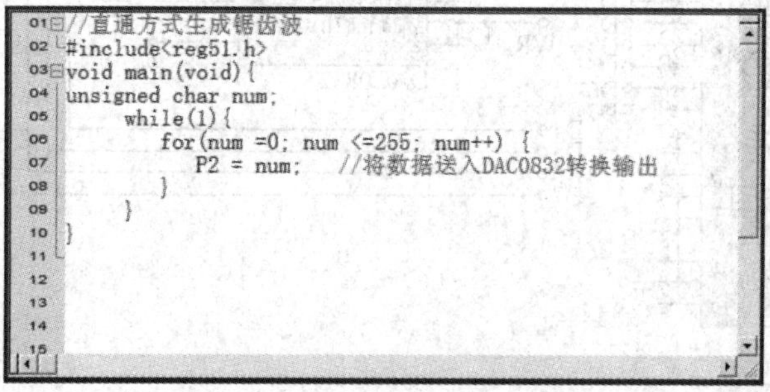

```
01 //直通方式生成锯齿波
02 #include<reg51.h>
03 void main(void){
04 unsigned char num;
05      while(1){
06         for(num =0; num <=255; num++) {
07            P2 = num;    //将数据送入DAC0832转换输出
08         }
09      }
10 }
11
12
13
14
15
```

图 9 - 7　直通方式锯齿波程序设计

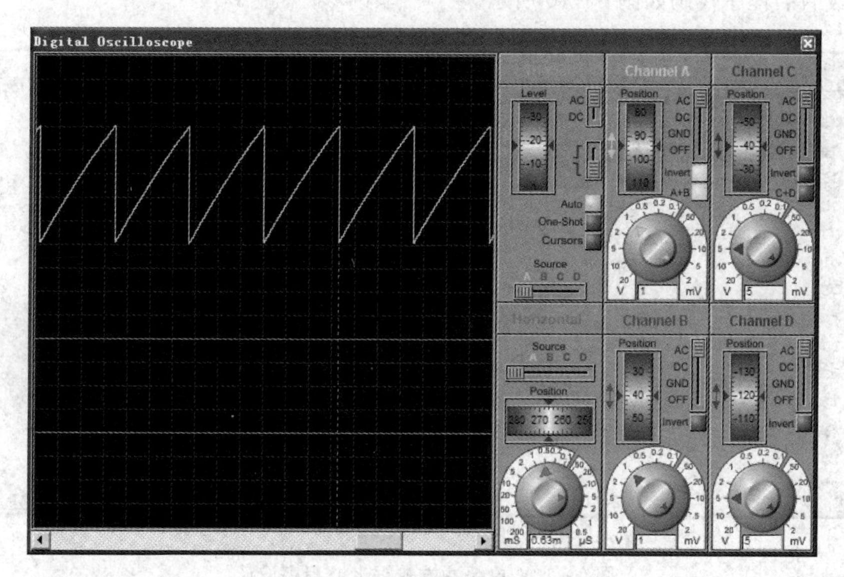

图 9 - 8　直通方式锯齿波运行效果

2）单缓冲方式

【例 9-3】 利用DAC0832输出锯齿波。

硬件设计：DAC0832的$\overline{\text{WR1}}$、$\overline{\text{CS}}$接单片机80C51的$\overline{\text{WR}}$(P3.6)，DAC0832的$\overline{\text{WR2}}$、$\overline{\text{XFER}}$均接地，DAC0832的ILE接高电平。单片机P2口接DAC0832的数据输入DI0～DI7，DAC0832的输出端OUT1和OUT2接直流电压表。本例所需元器件包括单片机80C51、D/A转换器DAC0832、直流电压表DC VOLTMETER、运算放大器OPAMP、虚拟示波器OSCILLOSCOPE。

在Proteus ISIS中绘制原理图，如图9-9所示。

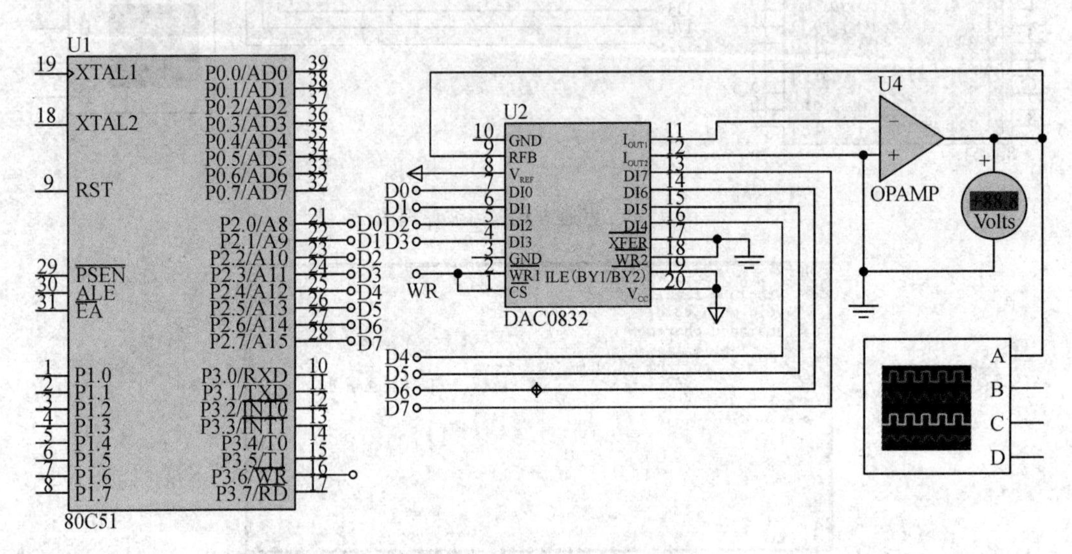

图9-9　单缓冲方式锯齿波原理图

编程设计：程序代码如图9-10所示。

```
//单缓冲方式生成锯齿波
#include<reg51.h>
sbit drv = P3^6;
void main(void){
unsigned char num;
     while(1){
         for(num = 0; num <= 255; num++) {
             drv = 0;
             P2 = num;    //将数据送入DAC0832转换输出
             drv = 1;
         }
     }
}
```

图9-10　单缓冲方式锯齿波程序设计

运行效果如图 9 - 11 所示。

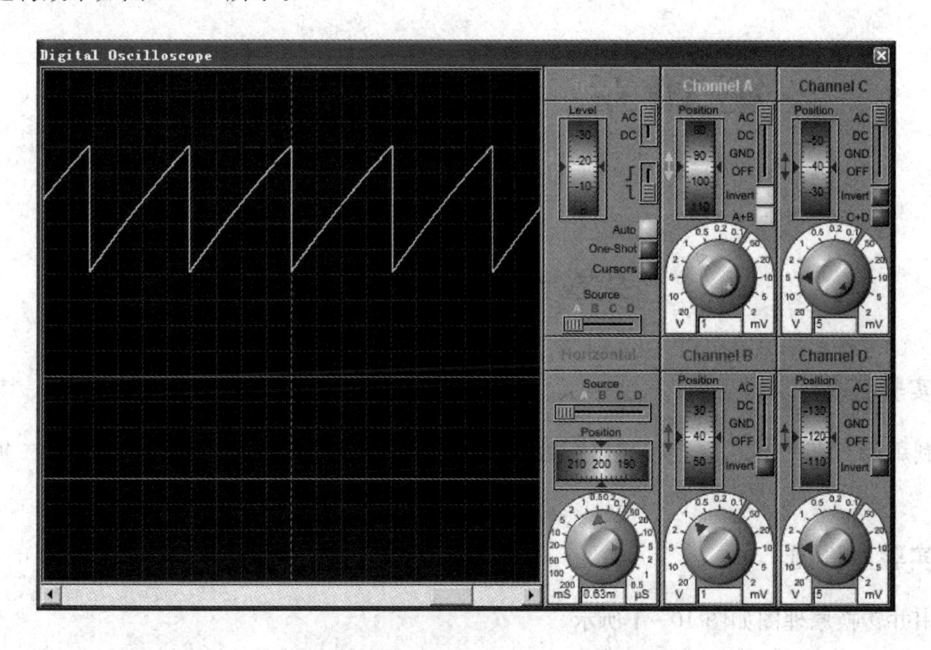

图 9 - 11　单缓冲方式锯齿波运行效果

本章小结

本章介绍了 A/D 和 D/A 转换的概念以及典型转换芯片 ADC0809 和 DAC0832 的特性，并举例说明了其应用方法。

习　　题

1. DAC0832 与 8051 单片机接口时，主要控制信号有哪些？
2. 单缓冲方式和双缓冲方式有何不同？
3. ADC0809 的工作步骤是什么？

第10章　单片机应用实例

实验一　串并转换

一、实验任务

利用74HC595位移缓存器将串行数据转换为并行数据输出，同时控制8个发光二极管工作。

二、实验原理图

串并转换原理图如图10-1所示。

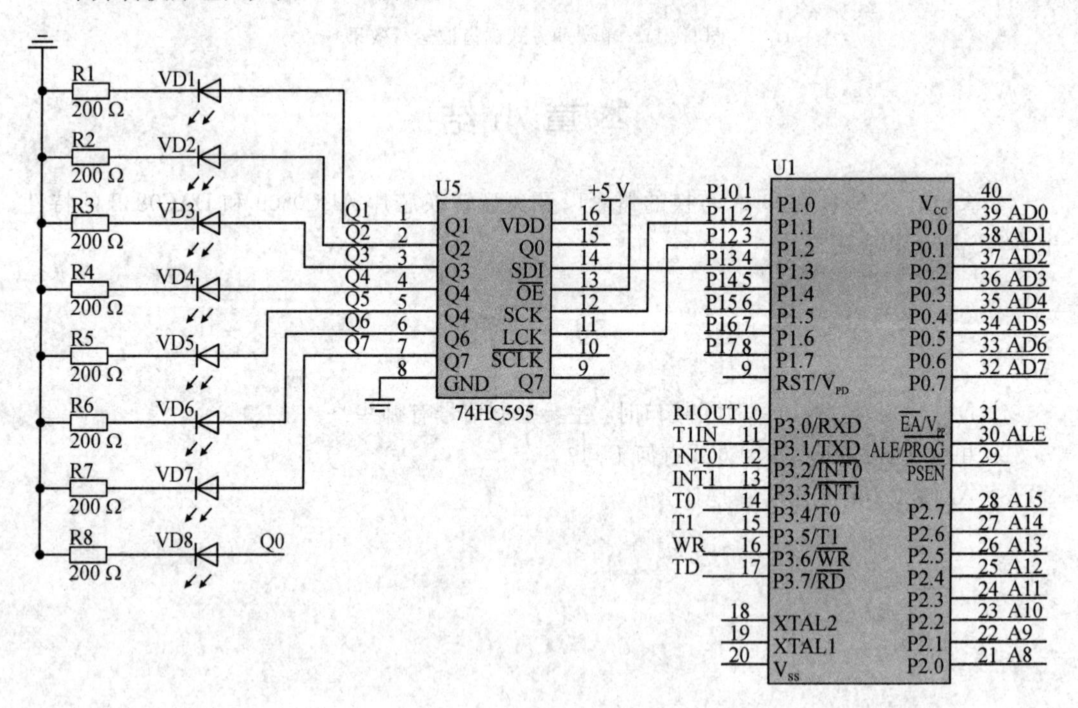

图10-1　串并转换原理图

三、硬件连线

首先将单片机J2接口的P1.0、P1.1、P1.2、P1.3分别与74HC595区J9接口的$\overline{\mathrm{OE}}$、SCK、LCK、SDI连接。然后将74HC595区J8接口的Q0～Q7分别与发光二极管区J15接口的VD1～VD8连接。

四、程序设计

编写一段代码，从 74HC595 写入一个数据，通过外接 8 个发光二极管将数据显示出来。

五、C 语言程序

程序代码如下：

```
#include <REGX51.H>
#include <intrins.h>
/*控制引脚定义*/
sbit CLK = P1^0;
sbit RCLK = P1^1;
sbit SER = P1^2;

void delayms(unsigned char x)      //延时 x ms 误差 16 μs
{
  unsigned char y=123;
  unsigned char j;
  while(x--)
  {
    for(j=0; j<y; j++);
  }
}

void wr595(unsigned char wrdat)
{
  unsigned char i;
  for(i=8; i>0; i--)               //循环 8 次，写 1 个字节
  {
    CLK=0;
    SER=wrdat&0x01;                //发送 bit0 位
    wrdat=wrdat>>1;                //要发送的数据左移，准备发送下一位
    _nop_();
    _nop_();
    CLK=1;
    _nop_();
    _nop_();
  }
  RCLK=0;
  _nop_();
  _nop_();
  RCLK=1;
}
```

```
void main()
{
  wr595(0x08);
  delayms(100);
}
```

实验二　音频播放器

一、实验任务

用80C51单片机实现音乐编码的处理，进而驱动扬声器播放音乐。

二、实验原理图

音频播放器原理图如图10-2所示。

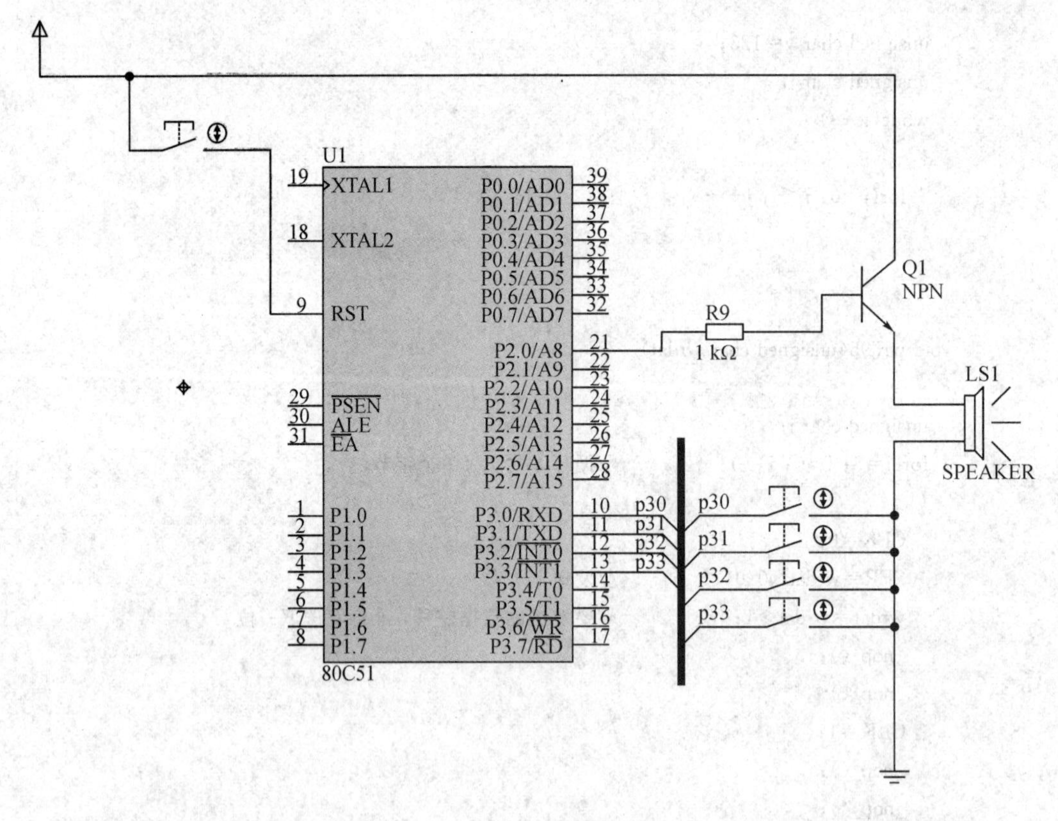

图10-2　音频播放器原理图

三、硬件连线

将单片机的P3.0～P3.3端口分别接4个按键，进行歌曲选择。利用单片机内部的定时/计数器产生音频及节拍，P2.0端口控制扬声器发出声音。

四、程序设计

编写一段程序，利用单片机内部定时/计数器T0产生音符频率，定时/计数器T1产生节拍。

五、C语言程序

music的库文件：

```
#ifndef_MUSIC_H
#define_MUSIC_H
unsigned int code tone[12]={1012, 956, 852, 759, 716, 638, 568, 506, 478, 426,
    379, 1136};  //T1定时的时间
unsigned char code song1[]={3, 6, 6, 3, 5, 6, 5, 6, 6, 3, 6, 6, 5, 3, 11, 2, 2, 11,
    1, 2, 1, 2, 2, 11, 1, 2, 1, 11, 3, 6, 7, 6, 5, 5, 6, 5, 6, 8, 7, 6, 5, 3, 6, 3,
    5, 6, 8, 7, 6, 5, 3, 6, 7, 8, 7, 6, 5, 3, 6, 3, 5, 6, 8, 9, 8, 7, 6, 7, 7, 3, 8,
    7, 6, 5, 3, 6, 5, 4, 3, 1, 2, 3, 6, 5, 6, 5, 6, 3, 8, 7, 6, 5, 3, 6, 5, 4, 3, 1,
    2, 3, 6, 5, 6, 5, 6, 15};  //《风中有朵雨做的云》的简谱
unsigned char code beat1[]={8, 8, 8, 8, 8, 4, 4, 16, 8, 8, 8, 4, 4, 32, 8, 8, 8, 8,
    8, 4, 4, 16, 8, 8, 8, 4, 4, 32, 8, 8, 4, 4, 4, 4, 24, 4, 4, 8, 8, 4, 8, 8, 24, 4,
    4, 8, 8, 4, 4, 8, 24, 4, 4, 8, 4, 4, 8, 8, 24, 4, 4, 8, 8, 4, 4, 4, 4, 32, 24, 8, 8, 4,
    4, 8, 8, 8, 4, 4, 8, 4, 4, 8, 8, 8, 4, 4, 24, 8, 8, 4, 4, 8, 8, 8, 4, 4, 8, 4, 4, 8, 8, 8,
    4, 4, 32};  //《风中有朵雨做的云》的节拍
unsigned char song2[]={11, 3, 3, 1, 2, 3, 2, 3, 3, 12, 11, 1, 3, 5, 5, 3, 6, 5, 3,
    3, 3, 2, 1, 2, 3, 0, 11, 12, 0, 12, 1, 0, 3, 3, 0, 12, 0, 12, 0, 3, 3, 0, 0, 12,
    0, 12, 2, 12, 1, 0, 12, 11, 15};  //《军港之夜》的简谱
unsigned char code beat2[]={8, 8, 8, 8, 4, 4, 16, 8, 16, 8, 8, 32, 8, 8, 8, 8, 8,
    16, 8, 16, 4, 4, 8, 32, 16, 8, 8, 4, 4, 16, 8, 8, 8, 8, 8, 4, 4, 24, 8, 8, 8, 8, 8,
    4, 4, 16, 8, 4, 4, 8, 8, 32};  //《军港之夜》的节拍
unsigned char code song3[]={1, 1, 2, 1, 4, 3, 1, 1, 2, 1, 5, 4, 1, 1, 8, 6, 4, 3,
    2, 7, 7, 6, 4, 5, 4, 15};  //《生日快乐歌》的简谱
unsigned char code beat3[]={4, 4, 8, 8, 8, 16, 4, 4, 8, 8, 8, 16, 4, 4, 8, 8, 8, 8,
    8, 4, 4, 8, 8, 8, 16};  //《生日快乐歌》的节拍
unsigned char code song4[]={6, 3, 3, 5, 5, 6, 6, 5, 6, 7, 6, 3, 3, 3, 5, 6, 6, 6,
    5, 5, 3, 3, 5, 3, 3, 3, 3, 5, 6, 6, 5, 3, 5, 3, 2, 2, 2, 3, 5, 5, 5, 2, 3, 2, 1, 7,
    7, 6, 3, 3, 5, 6, 6, 6, 6, 5, 6, 7, 6, 3, 3, 3, 5, 6, 6, 6, 5, 3, 3, 3, 5, 3, 3, 3, 3,
    5, 6, 6, 5, 3, 5, 3, 2, 2, 2, 3, 5, 5, 5, 2, 3, 2, 1, 0, 0, 15};
unsigned char code beat4[]={8, 8, 8, 8, 8, 8, 16, 8, 8, 16, 32, 8, 8, 8, 8, 8, 8,
    8, 8, 8, 8, 8, 8, 32, 8, 8, 8, 8, 16, 8, 8, 24, 8, 32, 8, 8, 8, 8, 8, 8, 16, 8, 8,
    8, 8, 16, 16, 8, 8, 8, 8, 8, 8, 8, 8, 8, 8, 16, 32, 8, 8, 8, 8, 8, 8, 8, 8, 8, 8, 8,
    8, 32, 8, 8, 8, 8, 16, 8, 8, 24, 8, 32, 8, 8, 8, 8, 8, 8, 16, 8, 8, 8, 8, 16, 16};
#endif
```

整体代码：

```
#include <reg51.h>
#include <intrins.h>
#include <music.h>
#define uchar unsigned char
#define uint unsigned int

sbit beep=P2^0;
sbit key1=P3^0;                                       //选择第一首歌的按键
sbit key2=P3^1;                                       //选择第二首歌的按键
sbit key3=P3^2;                                       //选择第三首歌的按键
sbit key4=P3^3;                                       //选择第四首歌的按键
uchar tone_H, tone_L, times, i=0, j, temp, x;
uchar beat_H=(65536-62500)/256;                       //产生1/8拍的定时初值
uchar beat_L=(65536-62500)%256;
bit flag;
void play(uchar * song, uchar * beat);
void display_led();

void delay(uint m)                                    //延时函数
{ while(--m); }

void init()                                           //初始化函数
{
  beep=0;
  EA=1;
  ET0=1;
  ET1=1;
  TMOD=0x11;
}
void main()
{
  init();
  P1 = 0xff;
  while(1)
  {
  play(song1, beat1);
  }
}
void play(uchar * song, uchar * beat)                 //播放音乐函数
{ while(song[i]!=15)
```

```
    {
    P0=0xff;
    times=beat[i];
    flag=0;
    tone_H=(65536-tone[song[i]]-6)/256;          //减去 6 μs 左右的歌曲进入时间
    tone_L=(65536-tone[song[i]]-6)%256;          //中断的时间
    TH0=tone_H;
    TL0=tone_L;
    TH1=beat_H;
    TL1=beat_L;
    TR0=1;                                       //开启定时器 T0、T1
    TR1=1;
    while(flag==0);                              //等待一个音符唱完
    i++;
    TR0=0;                                       //关闭定时器 T0、T1
    TR1=0;
    }
  }
  void timer0() interrupt 1                      //T0 产生音符频率
  {
    TH0=tone_H;
    TL0=tone_L;
    if(flag==1) TR0=0;
    else beep=~beep;
  }
  void timer1() interrupt 3                      //T1 产生节拍
  {
    TH1=beat_H;
    TL1=beat_L;
    if(times==0)
    {
      flag=1;
      TR1=0;
    }
    times--;
  }
```

实验三　多机通信

一、实验任务

设置一个主机 master 和三个从机 salver。其中：

(1) master 向各 salver 发送地址，此时 TB8＝1(代表发送的是地址)，所有 salver 会把收到的地址送入各自的 SBUF。由于各 salver 在初始化时 SM2＝1，所以所有的 salver 都能收到数据，RB8＝1(从主机接收的第 9 位即为 master 的 TB8 位，salver 的 RB8 位)。

(2) 当 RI＝1 时，各 salver 把收到的地址和本主机进行比较。若地址相同，则 SM2＝0，把接收到的地址返回给 master；若地址不同，则 SM2＝1，继续接收数据。

(3) master 向各从主机发送数据，此时 TB8＝0(代表发送的是数据)，确认地址的 salver 根据 master 发送的数据确定是进行 lamp 闪烁还是 lamp 灭。其余 salver 保持原有状态不变。

由 SM2 位和 TB8 位进行控制，具体如下：

(1) master：负责发送数据与 salver 地址确定。

SM2＝0、TB8＝1，代表 salver 地址选择。

SM2＝0、TB8＝0，代表对应的 master 和选中的 salver 进行数据通信。

(2) salver：负责接收数据及向 master 发送地址确认信息。

SM2＝1、RB8＝1，代表 master 发送的是一个地址选通信号。

SM2＝1、RB8＝0，代表 master 发送的是一个数据控制信号。

二、实验原理图

多机通信原理图如图 10－3 所示。

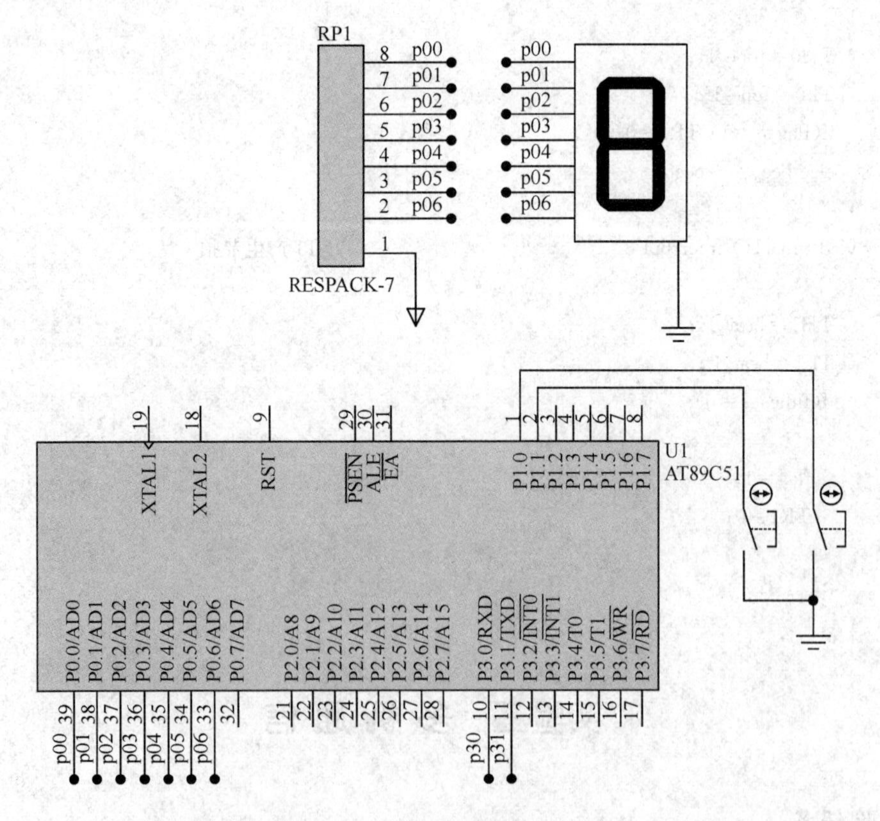

图 10－3　多机通信原理图——主机

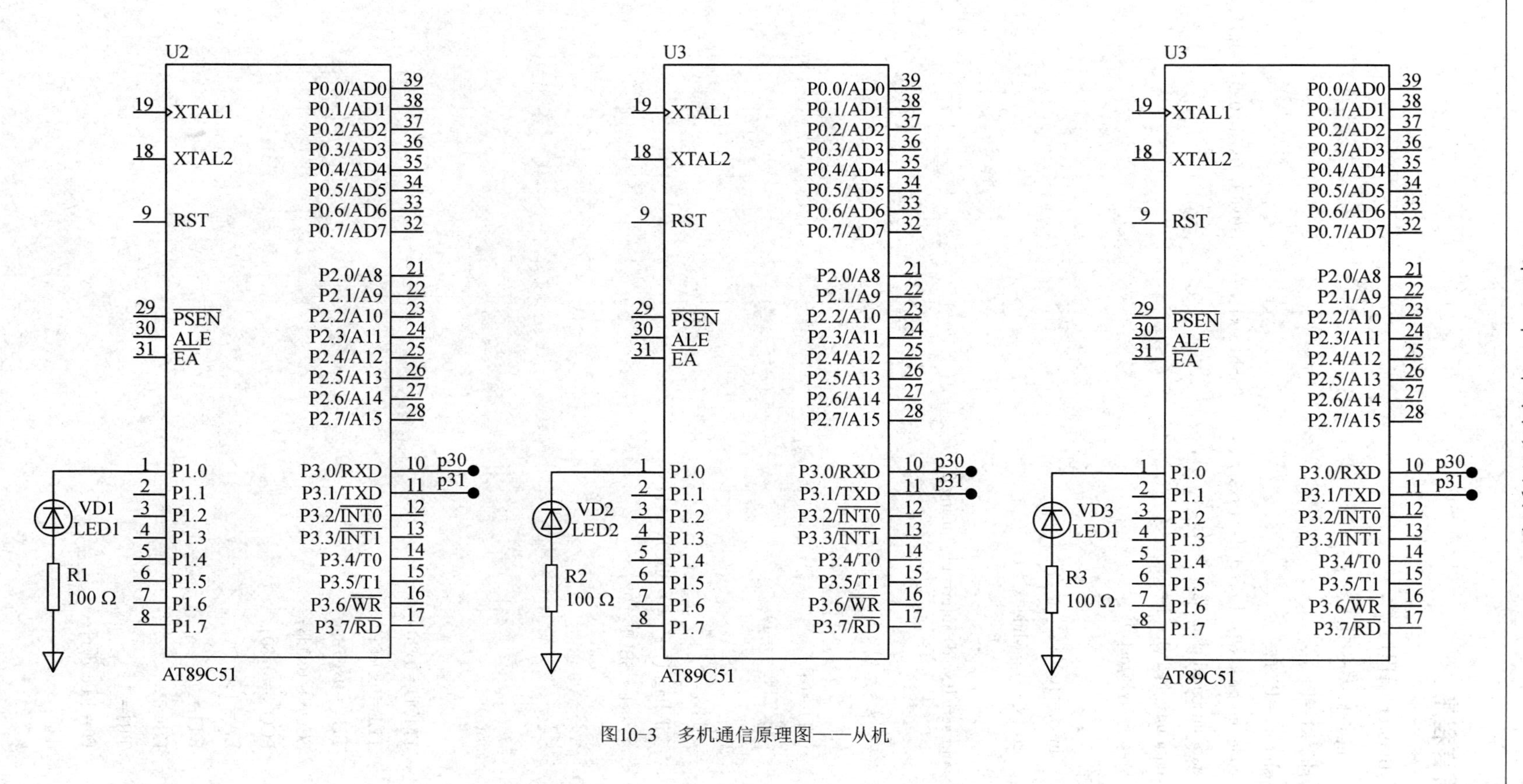

图10-3　多机通信原理图——从机

三、C 语言程序

主机 master 端程序：

```
#include <reg51.h>
sbit k1=P1^0;
sbit k2=P1^1;
code unsigned char ledcod[]={0x3f, 0x06, 0x5b, 0x4f, 0x66, 0x6d, 0x7d, 0x07, 0x7f, 0x6f};
data unsigned char flag[]={0, 0, 0};
data unsigned char i=0;
void delay10ms( )
{
  int x=1000;
  do {x--; }while(x>1);
}
void serial(void) interrupt 4 using 2
{
  if(TI==1)
  {
    TI=0;
    if(TB8==1)
  {
    TB8=0;
    if(flag[i]==0) SBUF=01;
      else SBUF=02;
    }
  }
}
main( )
{
  TMOD=0x20;
  TL1=0x0e6;
  TH1=0xe6;
  SCON=0x0d8;
  PCON=0x80;
  EA=1;
  ET1=0;
  ES=1;
  TR1=1;
  P0=ledcod[i];
  do
  {
```

```
        k1=1;
        k2=1;
        if(k1==0)
        {
          delay10ms();
        if(k1==0)
        {
          while(k1==0);
          i++;
          if(i==3)i=0;
          P0=ledcod[i];
          }
        }
              if(k2==0)
              { delay10ms();
            if(k2==0)
            { while(k2==0);
              TB8=1;
              SBUF=i;
            flag[i]=~flag[i];
          }
        }
      } while(1);
    }
```

从机 salver 1 程序：

```
#include <reg51.h>
sbit lamp=P1^0;
bit flag=0;
void timer0(void) interrupt 1 using 1
{ TH0=(65536-20000)/256;
  TL0=(65536-20000)%256;
  lamp=~lamp;
}

void serial(void) interrupt 4 using 2
{ data unsigned char addre, status;
  if(RI==1)
  {
    RI=0;
    if(flag==0)
  {
```

```
        addre=SBUF; flag=1;
        if(addre==0) SM2=0;
      }
      else
      {
        SM2=1; flag=0;
        status=SBUF;
        if(RB8==00)
          if(status==01) TR0=1;
            else {lamp=1; TR0=0; }
      }
    }
}
main( )
{
  TMOD=0x21;
  TH0=(65536-20000)/256;
  TL0=(65536-20000)%256;
  TL1=0x0e6;
  TH1=0xe6;
  SCON=0xf8;
  PCON=0x80;
  EA=1;
  ET0=1;
  ET1=0;
  ES=1;
  TR1=1;
  TR0=1;
  SM2=1;
  lamp=0;
  while(1);
}
```

从机 salver 2 程序：

```
#include <reg51.h>
sbit lamp=P1^0;
bit flag=0;
void timer0(void) interrupt 1 using 1
{
  TH0=(65536-20000)/256;
  TL0=(65536-20000)%256;
  lamp=~lamp;
```

```
}

void serial(void) interrupt 4 using 2
{ data unsigned char addre, status;
  if(RI==1)
    { RI=0;
      if(flag==0)
    { addre=SBUF; flag=1;
      if(addre==01) SM2=0;
      }
    else
    { SM2=1; flag=0;
      status=SBUF;
      if(RB8==00)
         if(status==01) TR0=1;
            else {lamp=1; TR0=0; }
    }
  }
}
main( )
{
  TMOD=0x21;
  TH0=(65536-20000)/256;
  TL0=(65536-20000)%256;
  TL1=0x0e6;
  TH1=0xe6;
  SCON=0xf8;
  PCON=0x80;
  EA=1;
  ET0=1;
  ET1=0;
  ES=1;
  TR1=1;
  TR0=1;
  SM2=1;
  lamp=0;
  while(1);
}
```

从机 salver 3 程序：

```
#include <reg51.h>
sbit lamp=P1^0;
```

```
bit flag=0;
void timer0(void) interrupt 1 using 1
{ TH0=(65536-20000)/256;
  TL0=(65536-20000)%256;
  lamp=~lamp;
}

void serial(void) interrupt 4 using 2
{ data unsigned char addre, status;
  if(RI==1)
     { RI=0;
       if(flag==0)
     { addre=SBUF; flag=1;
       if(addre==02) SM2=0;
       }
     else
     { SM2=1; flag=0;
       status=SBUF;
       if(RB8==00)
     if(status==01) TR0=1;
        else {lamp=1; TR0=0; }
     }
   }
}
main( )
{
   TMOD=0x21;
   TH0=(65536-20000)/256;
   TL0=(65536-20000)%256;
   TL1=0x0e6;
   TH1=0xe6;
   SCON=0xf8;
   PCON=0x80;
   EA=1;
   ET0=1;
   ET1=0;
   ES=1;
   TR1=1;
   TR0=1;
   SM2=1;
   lamp=0;
     while(1);
}
```

实验四 称重实验

一、实验任务

(1) 掌握传感器称重检测的基本方法和检测电路。

(2) 了解A/D转换基本原理和常用A/D转换芯片ADC0809的使用。

(3) 进一步熟悉LED数码管的编程方法。

二、设计方案

首先利用由电阻应变式传感器组成的测量电路测出物质的重量信号，以模拟信号的方式传送到A/D转换器。其次，由差动放大器电路把传感器输出的微弱信号进行一定倍数的放大，然后送A/D转换电路中。再由A/D转换电路把接收到的模拟信号转换成数字信号传送到显示电路，最后由显示电路显示数据。

称重设计方案如图10-4所示。

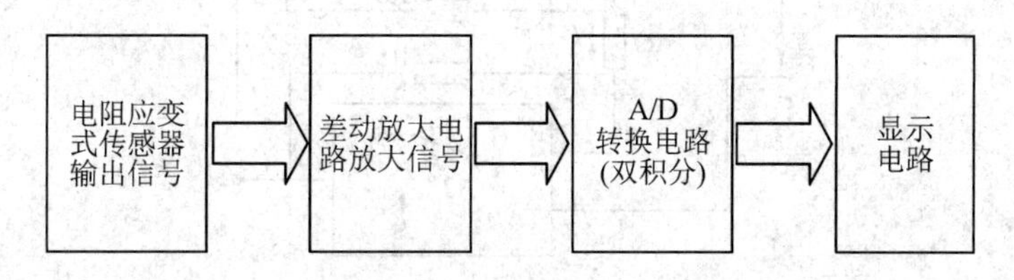

图10-4 称重设计方案

1. 电阻应变式传感器的组成以及原理

电阻应变式传感器简称电阻应变计，它将被测物理量的变化转换成电阻值的变化，先经相应的测量电路测出物理量，然后显示或记录被测量值的变化。当将电阻应变计用特殊胶剂粘在被测构件的表面上时，则敏感元件将随构件一起变形，其电阻值也随之变化，而电阻的变化与构件的变形保持一定的线性关系，进而通过相应的二次仪表系统即可测得构件的变形。通过应变计在构件上的不同粘贴方式及电路的不同连接，即可测得重力、变形、扭矩等机械参数。

2. 电阻应变式传感器的测量电路

电阻应变片的电阻变化范围为0.000 15 Ω～0.1 Ω。所以测量电路应当能精确测量出很小的电阻变化，在电阻应变传感器中常用于桥式测量电路。桥式测量电路有4个电阻，电桥的一条对角线接入工作电压E，另一条对角线为输出电压U_o。其特点是：当4个桥臂电阻达到相应的关系时，电桥输出为零，否则就有电压输出。可利用灵敏检流计测量电压大小，所以电桥能够精确地测量微小的电阻变化。测量电桥图如图10-5所示。

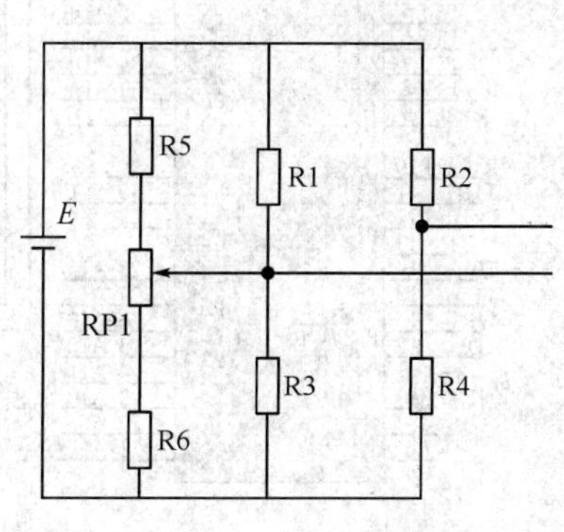

图10-5 测量电桥图

测量电桥由箔式电阻应变片电阻R1、R2、R3、R4

组成，测量电桥的电源由稳压电源 E 供给。物体的重量不同，电桥不平衡程度随之不同，指针式电表指示的数值也不同。滑动式线性可变电阻器 RP1 作为物体重量弹性应变的传感器，组成零调整电路，当载荷为 0 时，调节 RP1 使数码显示屏显示“0”。

3. 差动放大电路

本次设计中，要求用一个放大电路，即差动放大电路，主要的元件就是差动放大器。在许多需要用 A/D 转换和数字采集的单片机系统中，多数情况下，传感器输出的模拟信号都很微弱，必须通过一个模拟放大器对其进行一定倍数的放大，才能满足 A/D 转换器对输入信号电平的要求，在此情况下，就必须选择一种符合要求的放大器。仪表仪器放大器的选型很多，这里介绍一种用途非常广泛的仪表放大器，就是典型的差动放大器。它只需高精度 LM358 和几只电阻器，即可构成性能优越的仪表仪器放大器，广泛应用于工业自动控制、仪器仪表、电气测量等数字采集系统中。本设计中差动放大电路结构图如图 10－6 所示。

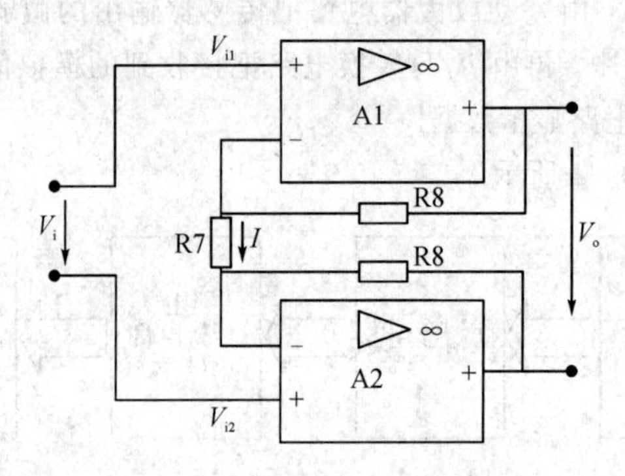

图 10－6　差动放大电路结构图

三、实验原理图

称重实验原理图分别如图 10－7、图 10－8 所示。

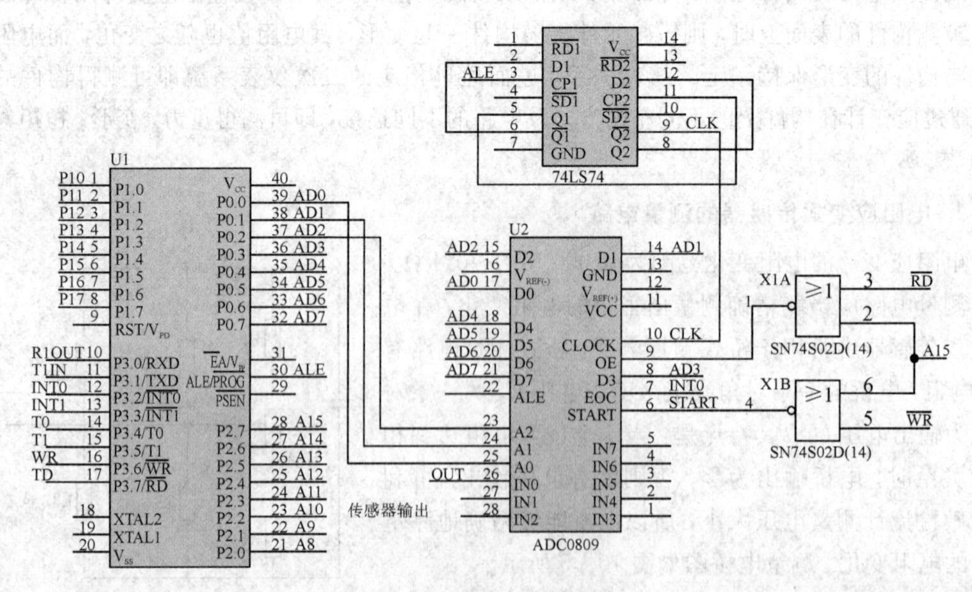

图 10－7　称重实验原理图 1

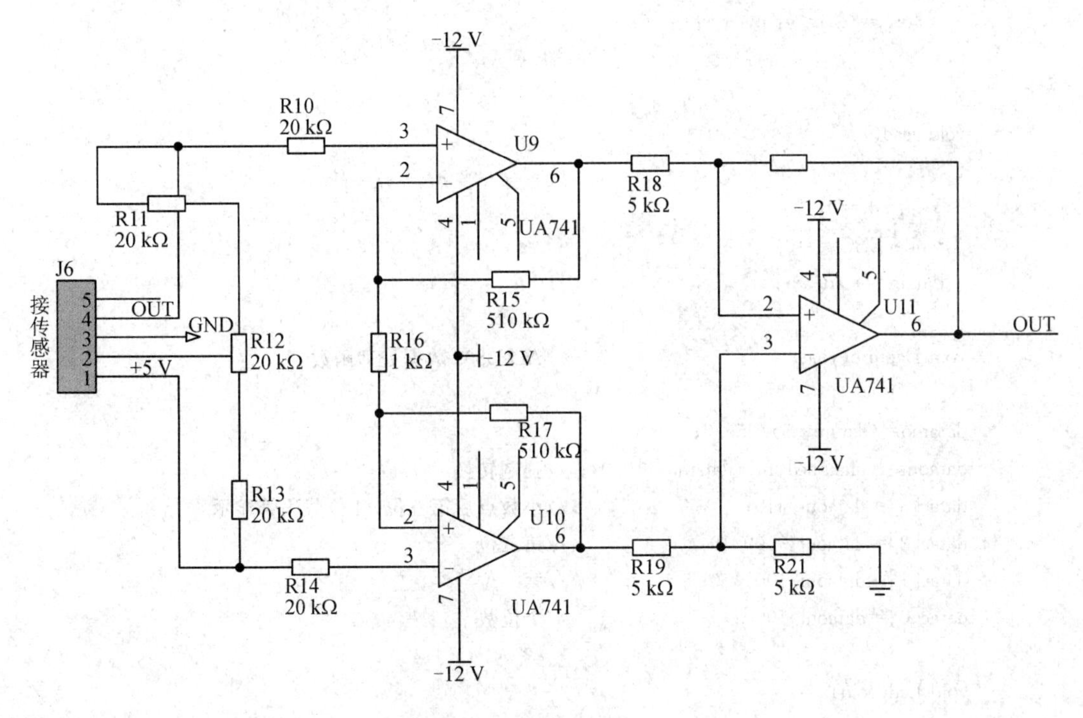

图 10-8　称重实验原理图 2

四、C 语言程序

程序代码如下：

```
#include <reg51.h>
#include <intrins.h>
#include<absacc.h>
#define uchar unsigned char
#define uint unsigned int
//管脚定义
sbit EOC＝P1^0；
uchar xdata *ad_adr；
#define IN0 XBYTE[0x7FFF]
uint datain；
uchar datain；
uint dataout，datac[4]＝{0}；
float datamo；
uchar code tab[]＝{0xC0，0xF9，0xA4，0xB0，0x99，0x92，0x82，0xF8，0x80，0x90}；
//0～9(共阳极数码管)
void delayms(unsigned char x)                  //延时 x ms，误差 16 μs
{ unsigned char y＝123；
  unsigned char j；
  while(x--)
   {
```

```
        for(j=0; j<y; j++);
    }
}
void read()
{
    *ad_adr=0;
    while(EOC==0)
    datain= *ad_adr;
}
void Datapro(void)                          //ADC0809数据处理函数
{
datamo=(datain*5)/256.0;
dataout=(unsigned int)(datamo*1000); //强制转换
datac[3]=dataout%10;                        //小数点后第三位，4位数码管显示
datac[2]=dataout%100/10;                    //第二位
datac[1]=dataout/100%10;                    //第一位
datac[0]=dataout/1000;                      //个位数
}
void Led(void)
{
P2_3=1;                                     //P2低4位控制数码管位选
P2_0=0;
P3= tab[datac[0]]|0x80;                     //输出个位数和小数点
delayms(4);
P2_0=1;
P2_1=0;
P3= tab[datac[1]];                          //输出小数点后第一位
delayms(4);
P2_1=1;
P2_2=0;
P3= tab[datac[2]];                          //输出小数点后第二位
delayms(4);
P2_2=1;
P2_3=0;
P3= tab[datac[3]];                          //输出小数点后第三位
delayms(4);
}
//主函数
main(void)
{
//初始化
uint count=50;
datain=0;
dataout=0;
```

```
ad_adr=&IN0;
*ad_adr=0;
while(1)                              //读 ADC0809 和显示

{
count=count-1;
if(count==0)
{
read();
count=50;
}
Datapro();
Led();
}
}
```

实验五　电子时钟实验

一、实验任务

利用 DS1302 完成对电子时钟的设计，进一步提高实际动手能力。

二、实验原理图

电子时钟实验原理图如图 10-9 所示。

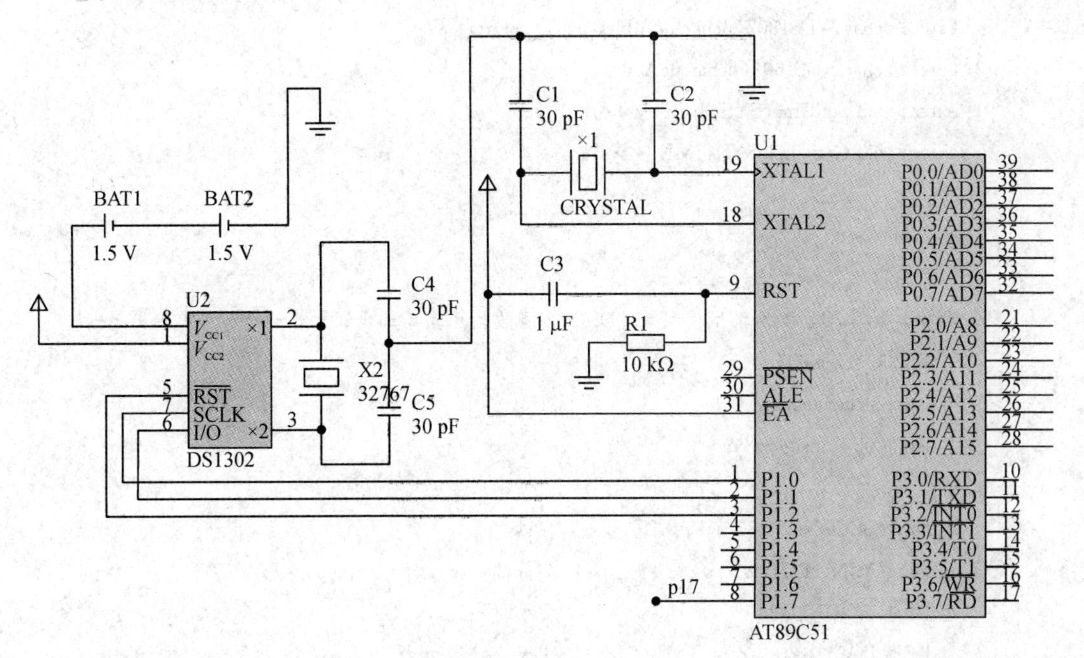

图 10-9　电子时钟实验原理图

三、C语言程序

程序代码如下：

```
################DS1302头文件###################
#ifndef _COLINLUAN_DS1302_H_
#define _COLINLUAN_DS1302_H_

#define uchar unsigned char

typedef struct systime
{
  uchar cYear;
  ucharcMon;
  ucharcDay;
  ucharcHour;
  ucharcMin;
  ucharcSec;
  ucharcWeek;
}SYSTIME;
extern void DS1302_Write(uchar ucData);
extern uchar DS1302_Read();
extern void DS1302_Init();
extern uchar WDS1302(uchar ucAddr, uchar ucDar);
extern uchar RDS1302(uchar ucAddr);
extern void SetTime(SYSTIME sys);
extern void GetTime(SYSTIME * sys);

#endif

################DS1302函数##################
#include <reg52.h>
#define uchar unsigned char
#define uint unsigned int

#define SECOND 0x80                //秒
#define MINUTE 0x82                //分钟
#define HOUR 0x84                  //小时
#define DAY 0x86                   //天
#define MONTH 0x88                 //月
```

```
#define WEEK 0x8a                    //星期
#define YEAR 0x8c                    //年

sbit DS1302_RST=P1^7;
sbit DS1302_SCLK=P1^4;
sbit DS1302_IO=P1^5;

typedef struct systime
{
  uchar cYear;
  ucharcMon;
  ucharcDay;
  ucharcHour;
  ucharcMin;
  ucharcSec;
  ucharcWeek;
}SYSTIME;


void DS1302_Write(uchar D)
{
  uchar i;
  for(i=0; i<8; i++)
  {
    DS1302_IO=D&0x01;
    DS1302_SCLK=1;
    DS1302_SCLK=0;
    D=D>>1;
  }
}
uchar DS1302_Read()
{
  uchar TempDat=0, i;
  for(i=0; i<8; i++)
  {
    TempDat>>=1;
    if(DS1302_IO)TempDat=TempDat|0x80;
    DS1302_SCLK=1;
    DS1302_SCLK=0;
  }
```

```
    return TempDat;
}

void WDS1302(uchar ucAddr, uchar ucDat)
{
    DS1302_RST = 0;
    DS1302_SCLK = 0;
    DS1302_RST = 1;
    DS1302_Write(ucAddr);                //地址命令
    DS1302_Write(ucDat);                 //写1个字节数据
    DS1302_SCLK = 1;
    DS1302_RST = 0;
}

uchar RDS1302(uchar ucAddr)
{
    uchar ucDat;
    DS1302_RST = 0;
    DS1302_SCLK = 0;
    DS1302_RST = 1;
    DS1302_Write(ucAddr);                //地址命令
    ucDat=DS1302_Read();
    DS1302_SCLK = 1;
    DS1302_RST = 0;
    return ucDat;
}

void SetTime(SYSTIME sys)
{
    WDS1302(YEAR, sys.cYear);
    WDS1302(MONTH, sys.cMon&0x1f);
    WDS1302(DAY, sys.cDay&0x3f);
    WDS1302(HOUR, sys.cHour&0xbf);
    WDS1302(MINUTE, sys.cMin&0x7f);
    WDS1302(SECOND, sys.cSec&0x7f);
    WDS1302(WEEK, sys.cWeek&0x07);
}
void GetTime(SYSTIME * sys)            //将BCD码转化为十进制数输出
{
    uchar uiTempDat;
```

```
    uiTempDat=RDS1302(YEAR|0x01);
    (*sys).cYear=(uiTempDat>>4)*10+(uiTempDat&0x0f);

    uiTempDat=RDS1302(0x88|0x01);
    (*sys).cMon=((uiTempDat&0x1f)>>4)*10+(uiTempDat&0x0f);

    uiTempDat=RDS1302(DAY|0x01);
    (*sys).cDay=((uiTempDat&0x3f)>>4)*10+(uiTempDat&0x0f);

    uiTempDat=RDS1302(HOUR|0x01);
    (*sys).cHour=((uiTempDat&0x3f)>>4)*10+(uiTempDat&0x0f);

    uiTempDat=RDS1302(MINUTE|0x01);
    sys->cMin=((uiTempDat&0x7f)>>4)*10+(uiTempDat&0x0f);

    uiTempDat=RDS1302(SECOND|0x01);
    sys->cSec=((uiTempDat&0x7f)>>4)*10+(uiTempDat&0x0f);

    uiTempDat=RDS1302(MONTH|0x01);
    (*sys).cMon=uiTempDat&0x17;

    uiTempDat=RDS1302(WEEK|0x01);
    sys->cWeek=uiTempDat&0x07;

##################主函数#####################
#include <reg52.h>
#include "ds1302.h"
uchar code tab[]={0xC0, 0xF9, 0xA4, 0xB0, 0x99, 0x92,
                  0x82, 0xF8, 0x80, 0x90};
//0~9(共阳极数码管)
SYSTIME time;                              //全局变量

main()
{
    P1=0xFF;
    P2=0xFF;
    //定时器 T0 初始化
    TMOD=0x10;                             //定时器 T0(16 位定时/计数方式)
    TH1=0xD8;                              //定时初值(10 ms)
    TL1=0xF0;
```

```
    ET1=1;                                  //允许 T0 中断
    TR1=1;                                  //启动定时器
    EA=1;                                   //允许中断

    //设置时钟初值
      time.cYear=0x88;
      time.cMon=0x05;
      time.cDay=0x25;
      time.cHour=0x10;
      //注意：初始化时用的是十进制，但 DS1302 是以 BCD 码的形式输出数据的
      time.cMin=0x30;
      time.cSec=0x00;
      time.cWeek=0x01;
      SetTime(time);
      while(1)
      {
        GetTime(&time);
    }
}

//中断处理函数，用于数码管显示
void timer1(void)interrupt 3 using 1
{
    uchar MinL, MinH, HourL, HourH;
    TR1=0;
    TH1=0xD8;                               //定时初值(10 ms)
    TL1=0xF0;
    //分钟两位
    MinL=time.cMin%10;
    MinH=time.cMin/10;
    //时钟两位
    HourL=time.cHour%10;
    HourH=time.cHour/10;
    //显示时
    P2^3=1;
    P2^0=0;
    P0=tab[HourH];
    delays(300);
    P2^0=1;
    P2^1=0;
```

```
    P0=tab[HourL];
    delays(300);
    //显示分
    P2^1=1;
    P2^2=0;
    P0=tab[MinH];
    delays(300);
    P2^2=1;
    P2^3=0;
    P0=tab[MinL];
    delays(300);
    TR1=1;
}
```

实验六　数字电压表实验

一、实验任务

设计一个数字电压表，可以测量 0～5 V 的一路模拟直流输入电压值，采用 LM016L 液晶显示器显示测量的电压值。

二、实验原理图

数字电压表实验原理图如图 10－10 所示。

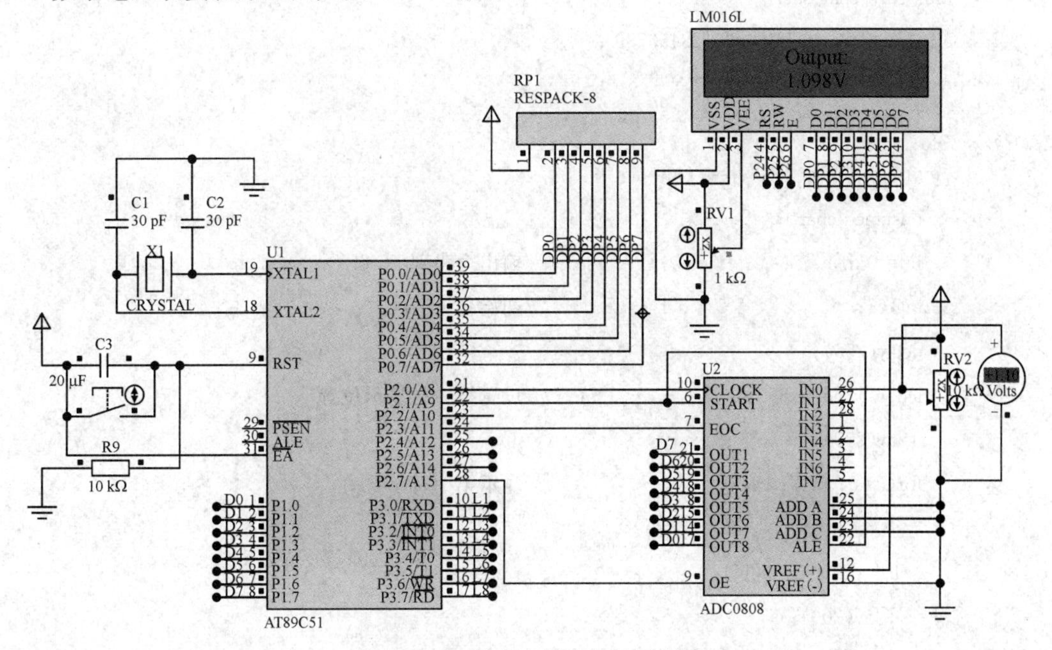

图 10－10　数字电压表实验原理图

三、C语言程序

程序代码如下：

```
#include <reg52.h>
#include <INTRINS.H>                    //库函数头文件，代码中引用了_nop_()函数
//定义控制信号端口
sbit start=P2^1;                        //ADC控制端引脚
sbit oe=P2^7;
sbit eoc=P2^3;
sbit clock=P2^0;
sbit RS=P2^4;                           //液晶控制端引脚
sbit RW=P2^5;
sbit E=P2^6;
//声明调用函数
void lcd_w_cmd(unsigned char com);      //写命令字函数
void lcd_w_dat(unsigned char dat);      //写数据函数
unsigned char lcd_r_start();            //读状态函数
void int1();                            //LCD初始化函数
void delay(unsigned char t);            //可控延时函数
void delay1();                          //软件实现延时函数，5个机器周期
void display(unsigned char datt);
unsigned char dat;
unsigned char lcdd[]="0123456789";
void main()
{
  unsigned char lcd0[]= "Output:";
  unsigned char i;
  P0=0xff;                              //输出全1到P0口
  int1();                               //初始化LCD
  delay(255);
  lcd_w_cmd(0x85);                      //设置第一行显示位置
  delay(255);
  for(i=0;i<7;i++)                      //显示第一行字符串
  {
    lcd_w_dat(lcd0[i]);
    delay(200);
  }
```

```
while(1)
{
    start=0;
    start=1;
    start=0;
    do{
      clock=~clock;
    }while(eoc==0);
    oe=1;
    dat=P1;
    oe=0;
    P3=~dat;
    display(dat);
  }
}
void delay(unsigned char t)
{
    unsigned char j, i;
    for(i=0; i<t; i++)
      for(j=0; j<50; j++);
}
void delay1()
{
    _nop_();
    _nop_();
    _nop_();
}
void int1()
{
    lcd_w_cmd(0x3c);                //设置工作方式
    lcd_w_cmd(0x0e);                //设置光标
    lcd_w_cmd(0x01);                //清屏
    lcd_w_cmd(0x06);                //设置输入方式
    lcd_w_cmd(0x80);                //设置初始显示位置
}
unsigned char lcd_r_start()
{
```

```
    unsigned char s;
    RW=1;                        //RW=1, RS=0, 读LCD状态
    delay1();
    RS=0;
    delay1();
    E=1;                         //E端时序
    delay1();
    s=P0;                        //从LCD的数据口读状态
    delay1();
    E=0;
    delay1();
    RW=0;
    delay1();
    return(s);                   //返回读取的LCD状态字
}
void lcd_w_cmd(unsigned char com)
{
    unsigned char i;
    do {                         //查询LCD是否忙
        i=lcd_r_start();         //调用读状态字函数
        i=i&0x80;                //与操作屏蔽掉低7位
        delay(2);
    } while(i! =0);              //LCD忙，继续查询，否则退出循环
    RW=0;
    delay1();
    RS=0;                        //RW=0, RS=0, 写LCD命令字
    delay1();
    E=1;                         //E端时序
    delay1();
    P0=com;                      //将com中的命令字写入LCD数据口
    delay1();
    E=0;
    delay1();
    RW=1;
    delay(255);
}
void lcd_w_dat(unsigned char dat0)
```

```
{
    unsigned char i;
    do {                               //查忙操作
        i=lcd_r_start();               //调用读状态字函数
        i=i&0x80;                      //与操作屏蔽掉低 7 位
        delay(2);
    } while(i! =0);                    //LCD 忙，继续查询，否则退出循环
    RW=0;
    delay1();
    RS=1;                              //RW=1，RS=0，写数据
    delay1();
    E=1;                               //E 端时序
    delay1();
    P0=dat0;                           //将 dat 中的显示数据写入 LCD 数据口
    delay1();
    E=0;
    delay1();
    RW=1;
    delay(255);
}
void display(unsigned char datt)
{   unsigned char da1, da2, da3, da4;
    unsigned int d1, d2, d3;
    da1=datt/51;
    d1=datt%51;
    d1=d1 * 10;
    da2=d1/51;
    d2=d1%51;
    d2=d2 * 10;
    da3=d2/51;
    d3=d2%51;
    d3=d3 * 10;
    da4=d3/51;
    lcd_w_cmd(0x0c);                   //设置光标不显示、不闪烁
    delay(20);
    lcd_w_cmd(0xc5);                   //设置第二行显示位置
    delay(20);
```

```
        lcd_w_dat(lcdd[da1]);
        delay(2);
        lcd_w_dat('.');
        delay(2);
        lcd_w_dat(lcdd[da2]);
        delay(2);
        lcd_w_dat(lcdd[da3]);
        delay(2);
        lcd_w_dat(lcdd[da4]);
        delay(2);
        lcd_w_dat('V');
        delay(2);
    }
```

实验七　数字温度计实验

一、实验任务

通过本次实验，利用 DS18B20 完成数字温度计设计与显示，进一步提高实际动手能力。

二、实验原理图

数字温度计实验原理图如图 10－11 所示。

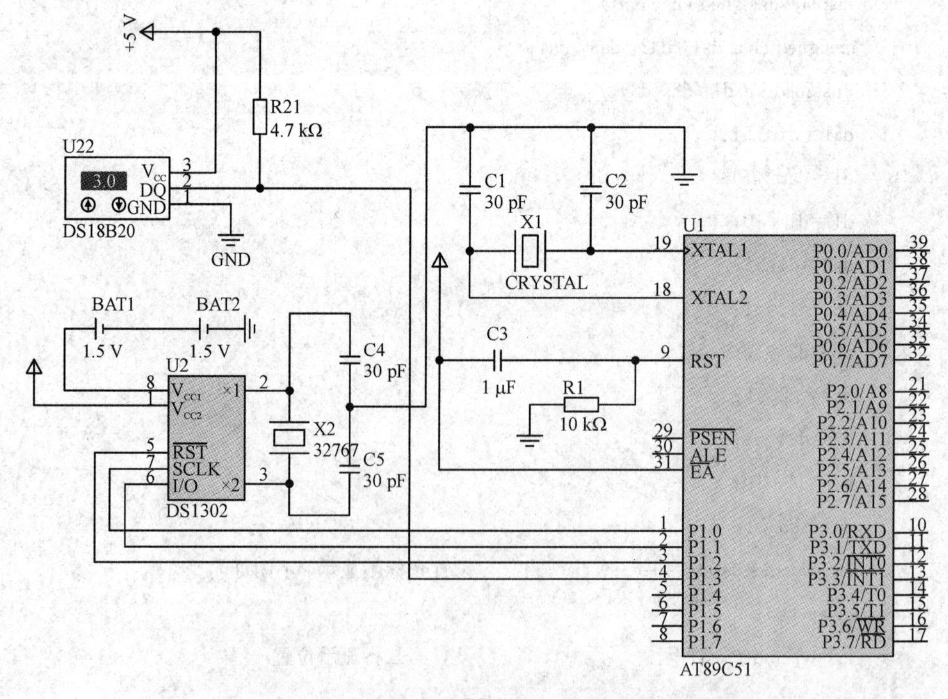

图 10－11　数字温度计实验原理图

三、C 语言程序

程序代码如下：

```
#include <reg51.h>
unsigned char d[4], n;
unsigned char code tab[]={0x3f, 6, 0x5b, 0x4f,
                          0x66, 0x6d, 0x7d, 7, 0x7f, 0x6f, 0, 0x40};
unsigned char code digit[]={0xf8, 0xf4, 0xf2, 0xf1};
/*************定义接口总线***************/
sbit DQ=P1^3;
/*************接口总线定义结束**********/
unsigned int tvalue;                  //温度值
unsigned char count, tflag;           //温度正负标志
bit flag=1;
/***********定时器 LED 显示********/
timer() interrupt 1 using 1
{
    TH0=(65536-5000)/256;
    TL0=(65536-5000)%256;
    count++;
if(count>20)
{
count=0; flag=1;
}
    n++;
    if(n>3) n=0;
    P0=0;
    P2=digit[n];
    P0=tab[d[n]];
}
/*******************ds1820 程序*************/
void delay_18B20(unsigned int i)          //延时 1 μs
{
    while(i--);
}
/*************ds1820 复位*********************/
void ds1820rst()
```

```
{
  unsigned char x=0;
  DQ = 1;                          //DQ复位
  delay_18B20(4);                  //延时
  DQ = 0;                          //DQ拉低电平
  delay_18B20(100);                //精确延时大于 480 μs
  DQ = 1;                          //DQ拉高电平
  delay_18B20(40);
}
/*************读数据***********************/
unsigned char ds1820rd()
{
  unsigned char i=0;
  unsigned char dat = 0;
  for (i=8; i>0; i--)
  {
    DQ = 0;                        //送脉冲信号
    dat>>=1;
    DQ = 1;                        //送脉冲信号
    if(DQ)
    dat|=0x80;
    delay_18B20(10);
  }
  return(dat);
}
/****************写数据*************/
void ds1820wr(unsigned char wdata)
{
  unsigned char i=0;
  for (i=8; i>0; i--)
  {
    DQ = 0;
    DQ = wdata&0x01;
    delay_18B20(10);
    DQ = 1;
    wdata>>=1;
  }
}
```

```
/**************读取温度值并转换********/
read_temp()
{
  unsigned char a, b;
  ds1820rst();
  ds1820wr(0xcc);                     /*跳过读序列号操作*/
  ds1820wr(0x44);                     /*启动温度转换*/
  ds1820rst();
  ds1820wr(0xcc);                     /*跳过读序列号操作*/
  ds1820wr(0xbe);                     /*读取温度*/
  a=ds1820rd();
  b=ds1820rd();
  tvalue=b;
  tvalue<<=8;
  tvalue=tvalue|a;
  if(tvalue<0x0fff)
  tflag=0;
  else
  {
    tvalue=~tvalue+1;
    tflag=1;
    }
    tvalue=tvalue*(0.625);            //温度值扩大10倍，精确到1位小数
    return(tvalue);
}
/********温度值显示*****************/
void ds1820disp()
{
    d[1]=tvalue/1000;                 //百位数
    d[2]=tvalue%1000/100;             //十位数
    d[3]=tvalue%100/10;               //个位数
    if(tflag==0)
    d[0]=10;                          //正温度不显示符号
    else
    d[0]=11;                          //负温度显示负号"-"

}
void main()
{
    TMOD=0X21;
    TR0=1;
    ET0=1;
    EA=1;
```

```
        n=0;
        read_temp();                          //读取温度
        ds1820disp();                         //转换温度
        while(1)
        {
        if(flag)
        {
          flag=0;
          read_temp();                        //读取温度
          ds1820disp();                       //转换温度
        }
      }
    }
```

实验八　数字密码锁实验

一、实验任务

设计一个多功能数字密码锁，使用显示器 LM016L 作为输出设备显示系统提示信息，4×4矩阵薄膜键盘作为输入设备，CMOS 串行 E^2PROM 存储器 AT24C02C 作为数据存储器，它们配合蜂鸣器等电路构成整个系统硬件，实现报警、锁定等功能。

二、实验原理

数字密码锁实验原理图如图 10-12 所示。

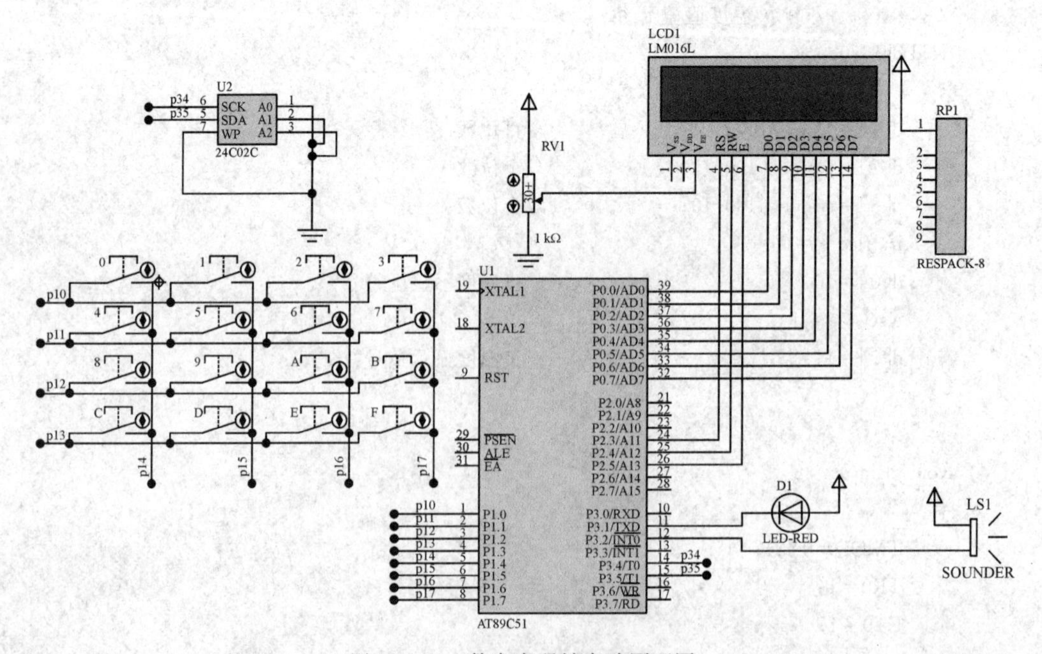

图 10-12　数字密码锁实验原理图

三、C 语言程序

程序代码如下：

```
#include <REG51.h>
#include<intrins.h>
#define LCM_Data P0
#define uchar unsigned char
#define uint unsigned int
#define w 6                                           //定义密码位数
sbit lcd1602_rs=P2^3;
sbit lcd1602_rw=P2^4;
sbit lcd1602_en=P2^5;
sbit Scl=P3^4;                                        //24C02 串行时钟
sbit Sda=P3^5;                                        //24C02 串行数据
sbit ALAM = P3^2;                                     //报警
sbit KEY = P3^1;                                      //开锁
sbit open_led=P2^2;                                   //开锁指示灯
bit operation=0;                                      //操作标志位
bit pass=0;                                           //密码正确标志
bit ReInputEn=0;                                      //重置输入允许标志
bit s3_keydown=0;                                     //3 秒按键标志位
bit key_disable=0;                                    //锁定键盘标志
unsigned char countt0, second;                        //T0 中断计数器，秒计数器
void Delay5Ms(void);
unsigned char code a[]={0xFE, 0xFD, 0xFB, 0xF7};      //键盘扫描控制数组
unsigned char code start_line[]= {"password: "};
unsigned char code name[] = {"Coded Management"};     //显示名称
unsigned char code Correct[]= {" correct "};          //输入正确
unsigned char code Error[]= {" error "};              //输入错误
unsigned char code codepass[]= {" pass "};
unsigned char code LockOpen[]= {" true "};            //OPEN
unsigned char code SetNew[]= {"SetNewWordEnable"};
unsigned char code Input[]= {"input: "};              //INPUT
unsigned char code ResetOK[]= {"ResetPasswordOK "};
unsigned char code initword[]= {"Init password..."};
unsigned char code Er_try[]= {"error, try again!"};
unsigned char code again[]= {"input again "};
unsigned char InputData[6];                           //输入密码暂存区
unsigned char CurrentPassword[6]={1, 3, 1, 4, 2, 0};  //当前密码值
```

```
unsigned char TempPassword[6];
unsigned char N=0;                                  //密码输入位数计数
unsigned char ErrorCont;                            //错误输入次数计数
unsigned char CorrectCont;                          //正确输入次数计数
unsigned char ReInputCont;                          //重新输入次数计数
unsigned char code initpassword[6]={1, 2, 3, 4, 5, 6};
//=================5 ms 延时===================
void Delay5Ms(void)
{
    unsigned int TempCyc = 5552;
    while(TempCyc --);
}
//=================400 ms 延时==================
void Delay400Ms(void)
{
    unsigned char TempCycA = 5;
    unsigned int TempCycB;
    while(TempCycA --)
    {
      TempCycB=7269;
      while(TempCycB --);
    }
}

//=================24C02=====================
void mDelay(uint t)                                 //延时
{
    uchar i;
    while(t --)
    {
        for(i=0; i<125; i++)
        {; }
    }
}

void Nop(void)                                      //空操作
{
    _nop_();
    _nop_();
    _nop_();
```

```
    _nop_();
}
/*起始条件*/
void Start(void)
{
    Sda=1;
    Scl=1;
    Nop();
    Sda=0;
    Nop();
}
/*停止条件*/
void Stop(void)
{
    Sda=0;
    Scl=1;
    Nop();
    Sda=1;
    Nop();
}

/*应答位*/
void Ack(void)
{
    Sda=0;
    Nop();
    Scl=1;
    Nop();
    Scl=0;
}
/*反向应答位*/
void NoAck(void)
{
    Sda=1;
    Nop();
    Scl=1;
    Nop();
    Scl=0;
}
/*发送数据子程序，Data为要求发送的数据*/
```

```
void Send(uchar Data)
{
    uchar BitCounter=8;
    uchar temp;
    do
    {
      temp=Data;
      Scl=0;
      Nop();
      if((temp&0x80)==0x80)
      Sda=1;
      else
      Sda=0;
      Scl=1;
      temp=Data<<1;
      Data=temp;
      BitCounter--;
    }
    while(BitCounter);
    Scl=0;
}

/*读取一个字节的数据，并返回该字节值*/
uchar Read(void)
{
    uchar temp=0;
    uchar temp1=0;
    uchar BitCounter=8;
    Sda=1;
    do{
      Scl=0;
      Nop();
      Scl=1;
      Nop();
      if(Sda)
      temp=temp|0x01;
      else
      temp=temp&0xfe;
      if(BitCounter-1)
      {
```

```
        temp1=temp<<1;
        temp=temp1;
      }
      BitCounter--;
    }
    while(BitCounter);
    return(temp);
}

void WrToROM(uchar Data[], uchar Address, uchar Num)
{
    uchar i;
    uchar * PData;
    PData=Data;
    for(i=0; i<Num; i++)
    {
      Start();
      Send(0xa0);
      Ack();
      Send(Address+i);
      Ack();
      Send( * (PData+i));
      Ack();
      Stop();
      mDelay(20);
    }
}

void RdFromROM(uchar Data[], uchar Address, uchar Num)
{
    uchar i;
    uchar * PData;
    PData=Data;
    for(i=0; i<Num; i++)
    {
      Start();
      Send(0xa0);
      Ack();
      Send(Address+i);
      Ack();
```

```
        Start()；
        Send(0xa1)；
        Ack()；
        *(PData+i)=Read()；
        Scl=0；
      NoAck()；
      Stop()；
      }
}
//=============LCD1602================
#define yi 0x80   //LCD 第一行的初始位置，因为 LCD1602 字符地址首位 D7 恒定为 1 (100000000=80)
#define er 0x80+0x40          //LCD 第二行初始位置(因为第二行第一个字符位置地址是 0x40)
//----------------------延时函数，后面经常调用---------------------
void delay(uint xms)          //延时函数，有参函数
{
      uint x，y；
      for(x=xms；x>0；x--)
      for(y=110；y>0；y--)；
}
//--------------------------写指令---------------------------
write_1602com(uchar com)      //****液晶写入指令函数****
{
      lcd1602_rs=0；          //数据/指令选择置为指令
      lcd1602_rw=0；          //读写选择置为写
      P0=com；                //送入数据
      delay(1)；
      lcd1602_en=1；          //拉高使能端，为制造有效的下降沿做准备
      delay(1)；
      lcd1602_en=0；          //en 由高变低，产生下降沿，液晶执行命令
}
//---------------------写数据-------------------------
write_1602dat(uchar dat)      //***液晶写入数据函数****
{
      lcd1602_rs=1；          //数据/指令选择置为数据
      lcd1602_rw=0；          //读写选择置为写
      P0=dat；                //送入数据
      delay(1)；
      lcd1602_en=1；          //en 置为高电平状态，为制造下降沿做准备
      delay(1)；
      lcd1602_en=0；          //en 由高变低，产生下降沿，液晶执行命令
```

```
}
//-------------------------初始化-------------------------
void lcd_init(void)
{
    write_1602com(0x38);    //设置液晶工作模式，即 16×2 行显示，5×7 点阵，8 位数据
    write_1602com(0x0c);    //设置光标工作方式
    write_1602com(0x06);    //整屏不移动，光标自动右移
    write_1602com(0x01);    //清除显示
}
//============将按键值编码为数值============
unsigned char coding(unsigned char m)
{
  unsigned char k;

  switch(m)
  {
    case (0xe7): k=1; break;
    case (0xd7): k=2; break;
    case (0xb7): k=3; break;
    case (0x77): k='A'; break;
    case (0xeb): k=4; break;
    case (0xdb): k=5; break;
    case (0xbb): k=6; break;
    case (0x7b): k='B'; break;
    case (0xed): k=7; break;
    case (0xdd): k=8; break;
    case (0xbd): k=9; break;
    case (0x7d): k='C'; break;
    case (0xee): k='*'; break;
    case (0xde): k=0; break;
    case (0xbe): k='#'; break;
    case (0x7e): k='D'; break;
  }
  return(k);
}

//===========按键检测并返回按键值============
unsigned char keynum(void)          //键盘扫描函数，使用行列反转扫描法
{
    uchar cord_h, cord_l;           //设置行列数值的中间变量
    P1=0x0f;                        //行线输出全为 0
```

```
    cord_h=P1&0x0f;                //读入列线值
    if(cord_h!=0x0f)               //先检测有无按键按下
    {
      Delay5Ms();
      Delay5Ms();                  //消除抖动
      if(cord_h!=0x0f)
      {
        cord_h=P1&0x0f;            //读入列线值
        P1=cord_h|0xf0;            //输出当前列线值
        cord_l=P1&0xf0;            //读入行线值
        while((P1&0xf0)!=0xf0);   //等待松手
        return(cord_h+cord_l);     //键盘最后组合码值
      }
    }
    return(0);                     //返回该值
}
//============一声提示音，表示有效输入============
void OneAlam(void)
{
    ALAM=0;
    Delay5Ms();
    ALAM=1;
}

//===========两声提示音，表示操作成功============
void TwoAlam(void)
{
    ALAM=0;
    Delay5Ms();
    ALAM=1;
    Delay5Ms();
    ALAM=0;
    Delay5Ms();
    ALAM=1;
}

//============三声提示音，表示错误============
void ThreeAlam(void)
{
```

```
    ALAM=0;
    Delay5Ms();
    ALAM=1;
    Delay5Ms();
    ALAM=0;
    Delay5Ms();
    ALAM=1;
    Delay5Ms();
    ALAM=0;
    Delay5Ms();
    ALAM=1;
}
//=========显示输入的N个数字,用H代替以便隐藏=========
void DisplayOne(void)
{
    //DisplayOneChar(9+N, 1, '*');
    write_1602com(yi+5+N);
    write_1602dat('*');
}

//==============显示提示输入===============
void DisplayChar(void)
{
    unsigned char i;
    if(pass==1)
    {
      //DisplayListChar(0, 1, LockOpen);
      write_1602com(er);
      for(i=0; i<16; i++)
      {
      write_1602dat(LockOpen[i]);
      }
  }
  else
  {
    if(N==0)
    {
      //DisplayListChar(0, 1, Error);
      write_1602com(er);
```

```
        for(i=0; i<16; i++)
        {
          write_1602dat(Error[i]);
        }
      }
      else
      {
        //DisplayListChar(0, 1, start_line);
        write_1602com(er);
        for(i=0; i<16; i++)
        {
          write_1602dat(start_line[i]);
        }
      }
    }
}

void DisplayInput(void)
{
      unsigned char i;
      if(CorrectCont==1)
      {
        //DisplayListChar(0, 0, Input);
        write_1602com(er);
        for(i=0; i<16; i++)
        {
        write_1602dat(Input[i]);
      }
    }
}
//=============重置密码===============
void ResetPassword(void)
{
      unsigned char i;
      unsigned char j;
      if(pass==0)
      {
      pass=0;
      DisplayChar();
      ThreeAlam();
}
```

```
else
{
    if(ReInputEn==1)
    {
    if(N==6)
    {
      ReInputCont++;
      if(ReInputCont==2)
      {
        for(i=0; i<6; )
        {
          if(TempPassword[i]==InputData[i])  //将两次输入的新密码作对比
          i++;
          else
          {
            //DisplayListChar(0, 1, Error);
            write_1602com(er);
            for(j=0; j<16; j++)
            {
            write_1602dat(Error[j]);
            }
            ThreeAlam();                     //错误提示
            pass=0;
            ReInputEn=0;                     //关闭重置功能
            ReInputCont=0;
            DisplayChar();
            break;
          }
      }
      if(i==6)
      {
            //DisplayListChar(0, 1, ResetOK);
            write_1602com(er);
            for(j=0; j<16; j++)
            {
              write_1602dat(ResetOK[j]);
            }

            TwoAlam();                       //操作成功提示
            WrToROM(TempPassword, 0, 6);     //将新密码写入 24C02 存储
```

```
            ReInputEn=0;
          }
          ReInputCont=0;
          CorrectCont=0;
        }
        else
        {
          OneAlam();
          //DisplayListChar(0, 1, again);          //显示再输入一次
          write_1602com(er);
          for(j=0; j<16; j++)
          {
            write_1602dat(again[j]);
          }
          for(i=0; i<6; i++)
          {
            TempPassword[i]=InputData[i];      //将第一次输入的数据暂存起来
          }
        }

        N=0;                                   //输入数据位数计数器清零
      }
    }
  }
}

//==========输入密码错误次数超过三次，报警并锁定键盘==========
void Alam_KeyUnable(void)
{
  P1=0x00;
  {
    ALAM=~ALAM;
    Delay5Ms();
  }
}

//=================取消所有操作=================
void Cancel(void)
{
    unsigned char i;
    unsigned char j;
    //DisplayListChar(0, 1, start_line);
```

```
    write_1602com(er);
    for(j=0; j<16; j++)
    {
        write_1602dat(start_line[j]);
    }
    TwoAlam();                                  //提示音
    for(i=0; i<6; i++)
    {
        InputData[i]=0;
    }
    KEY=1;                                      //关闭锁
    ALAM=1;                                     //关闭报警
    operation=0;                                //操作标志位清零
    pass=0;                                     //密码正确标志清零
    ReInputEn=0;                                //重置输入允许标志清零
    ErrorCont=0;                                //密码错误输入次数清零
    CorrectCont=0;                              //密码正确输入次数清零
    ReInputCont=0;                              //重置密码输入次数清零
    open_led=1;
    s3_keydown=0;
    key_disable=0;
    N=0;                                        //输入位数计数器清零
}
//==========确认键，并通过相应标志位执行相应功能============
void Ensure(void)
{
    unsigned char i, j;
    RdFromROM(CurrentPassword, 0, 6);           //从 24C02 中读出存储密码
    if(N==6)
    {
        if(ReInputEn==0)                        //重置密码功能未开启
        {
          for(i=0; i<6; )
          {
          if(CurrentPassword[i]==InputData[i])
          {
            i++;
          }
          else
          {
            ErrorCont++;
```

```
            if(ErrorCont==3)  //错误输入次数达三次时，报警并锁定键盘
            {
              write_1602com(er);
              for(i=0; i<16; i++)
            {
              write_1602dat(Error[i]);
           }
           do
           Alam_KeyUnable();
           while(1);
        }
        else
        {
          TR0=1;                                          //开启定时
          key_disable=1;                                  //锁定键盘
          pass=0;
          break;
        }
      }
    }

    if(i==6)
    {
      CorrectCont++;
      if(CorrectCont==1)  //正确输入计数，当只有一次正确输入时，开锁
      {
        //DisplayListChar(0, 1, LockOpen);
        write_1602com(er);
        for(j=0; j<16; j++)
        {
          write_1602dat(LockOpen[j]);
        }
        TwoAlam();                                        //操作成功提示音
        KEY=0;                                            //开锁
        pass=1;                                           //设置"输入正确"标志位
        TR0=1;                                            //开启定时
        open_led=0;                                       //开锁指示灯亮
        for(j=0; j<6; j++)                                //将输入清除
        {
          InputData[i]=0;
      }
```

```
}
else                                                //当两次正确输入时，开启重置密码功能
{
    //DisplayListChar(0，1，SetNew)；
    write_1602com(er)；
    for(j=0；j<16；j++)
    {
      write_1602dat(SetNew[j])；
    }
    TwoAlam()；                                     //操作成功提示
    ReInputEn=1；                                   //允许重置密码输入
    CorrectCont=0；                                 //正确计数器清零
  }
}
else //当第一次使用或忘记密码时可以用131420对其密码初始化
{
    if((InputData[0]==1)&&(InputData[1]==3)&&(InputData[2]==1)&&(InputData
    [3]==4)&&(InputData[4]==2)&&(InputData[5]==0))
    {
      WrToROM(initpassword，0，6)；                  //强制将初始密码写入24C02中存储
      //DisplayListChar(0，1，initword)；            //显示初始化密码
      write_1602com(er)；
      for(j=0；j<16；j++)
      {
        write_1602dat(initword[j])；
      }
      TwoAlam()；
      Delay400Ms()；
      TwoAlam()；
      N=0；
    }
    else
    {
      //DisplayListChar(0，1，Error)；
      write_1602com(er)；
      for(j=0；j<16；j++)
      {
        write_1602dat(Error[j])；
      }
      ThreeAlam()；                                  //错误提示音
```

```
      pass=0;
    }
  }
}

else                                   //当已经开启重置密码功能时，按下开锁键
{
  //DisplayListChar(0, 1, Er_try);
  write_1602com(er);
  for(j=0; j<16; j++)
  {
    write_1602dat(Er_try[j]);
  }
  ThreeAlam();
}
}
else
{
  //DisplayListChar(0, 1, Error);
  write_1602com(er);
  for(j=0; j<16; j++)
  {
    write_1602dat(Error[j]);
  }
  ThreeAlam();                //错误提示音
  pass=0;
}
N=0;                                   //将输入数据计数器清零，为下一次输入做准备
operation=1;
}

//================主函数==================
void main(void)
{
    unsigned char KEY, NUM;
    unsigned char i, j;
    P1=0xFF;
    TMOD=0x11;
    TL0=0xB0;
    TH0=0x3C;
```

```
    EA=1;
    ET0=1;
    TR0=0;
    Delay400Ms();                    //启动等待，等 LCM 进入工作状态
    lcd_init();                      //LCD 初始化
    write_1602com(yi);               //日历显示固定符号从第一行第 0 个位置之后开始显示
    for(i=0; i<16; i++)
    {
    write_1602dat(name[i]);          //向液晶屏写日历显示的固定符号部分
    }
    write_1602com(er);               //时间显示固定符号写入位置，从第 2 个位置后开始显示
    for(i=0; i<16; i++)
    {
    write_1602dat(start_line[i]);//写显示时间固定符号，两个冒号
    }
    write_1602com(er+9);             //设置光标位置
    write_1602com(0x0f);             //设置光标为闪烁
Delay5Ms();                          //延时片刻(可不要)
N=0;                                 //初始化数据输入位数
while(1)
{
  if(key_disable==1)
    Alam_KeyUnable();
  else
    ALAM=1;                          //关闭报警
  KEY=keynum();
  if(KEY!=0)
  {
    if(key_disable==1)
    {
      second=0;
  }
  else
  {
    NUM=coding(KEY);
    {
      switch(NUM)
      {
        case ('A'): ; break;
        case ('B'): ; break;
```

```
            case ('C'): ; break;
            case ('D'): ResetPassword(); break; //重新设置密码
            case ('*'): Cancel(); break;        //取消当前输入
            case ('#'): Ensure(); break;        //密码输入完毕进行确认
            default:
            {
              //DisplayListChar(0, 1, Input);
              write_1602com(er);
              for(i=0; i<16; i++)
              {
                write_1602dat(Input[i]);
              }
                operation=0;
              if(N<6)
                //当输入的密码少于6位时，接受输入并保存，大于6位时则无效
              {
                OneAlam();                      //按键提示音
                //DisplayOneChar(6+N, 1, '*');
                for(j=0; j<=N; j++)
                {
                  write_1602com(er+6+j);
                  write_1602dat('*');
                  }
                  InputData[N]=NUM;
                  N++;
                }
                else                            //输入数据位数大于6后，忽略输入
                  {
                    N=6;
                    break;
                  }
                }
              }
            }
          }
        }
      }
    }
//************中断服务函数************//
void time0_int(void) interrupt 1
```

```
{
    TL0=0xB0;
    TH0=0x3C;
    //TR0=1;
    countt0++;
    if(countt0==20)
    {
    countt0=0;
    second++;
    if(pass==1)
    {
      if(second==1)
      {
        open_led=1;                       //关指示灯
        TR0=0;                            //关闭定时器
        TL0=0xB0;
          TH0=0x3C;
        second=0;
      }
    }
    else
    {
      if(second==3)
      {
        TR0=0;
        second=0;
        key_disable=0;
        s3_keydown=0;
        TL0=0xB0;
        TH0=0x3C;
      }
      else
        TR0=1;
    }
    }
}
```

参 考 文 献

[1] 张小鸣. 单片机系统设计与开发[M]. 北京：清华大学出版社，2014.
[2] 周爱军，等. 基于 Proteus 仿真的 51 单片机应用[M]. 北京：北京理工大学出版社，2018.
[3] 林立，张俊亮. 单片机原理及应用：基于 Proteus 和 Keil C[M]. 北京：电子工业出版社，2016.
[4] 王东峰，等. 单片机 C 语言应用 100 例[M]. 北京：电子工业出版社，2009.
[5] 陈海宴. 51 单片机原理及应用[M]. 北京：北京航空航天大学出版社，2010.
[6] 李平，等. 单片机入门与开发[M]. 北京：机械工业出版社，2008.
[7] JOANNE M，LINDSEY M. SCM in Merseyside SMEs：Benefits and barriers[J]. TQM Journal，2008.
[8] 康华光. 模拟电子技术基础[M]. 北京：高等教育出版社，2006.
[9] 周润景，等. PROTEUS 入门实用教程. 北京：机械工业出版社，2007.
[10] 李学礼. 基于 PROTEUS 的 8051 单片机实例教程. 北京：电子工业出版社，2008.
[11] 张道德，杨光友. 单片机接口技术(C51 版). 北京：中国水利水电出版社，2007.
[12] 丁明亮，唐前辉. 51 单片机应用设计与仿真. 北京：北京航空航天大学出版社，2009.